Gustáv Murín
Karol Mičieta

O Rejuvenescimento por meio do Efeito de Armazenamento: Um Método Universal

Gustáv Murín
Karol Mičieta

O Rejuvenescimento por meio do Efeito de Armazenamento: Um Método Universal

ScienciaScripts

Imprint
Any brand names and product names mentioned in this book are subject to trademark, brand or patent protection and are trademarks or registered trademarks of their respective holders. The use of brand names, product names, common names, trade names, product descriptions etc. even without a particular marking in this work is in no way to be construed to mean that such names may be regarded as unrestricted in respect of trademark and brand protection legislation and could thus be used by anyone.

Cover image: www.ingimage.com

This book is a translation from the original published under ISBN 978-620-2-06414-9.

Publisher:
Sciencia Scripts
is a trademark of
Dodo Books Indian Ocean Ltd. and OmniScriptum S.R.L publishing group

120 High Road, East Finchley, London, N2 9ED, United Kingdom
Str. Armeneasca 28/1, office 1, Chisinau MD-2012, Republic of Moldova, Europe
Printed at: see last page
ISBN: 978-620-7-80331-6

Este estudo resume os resultados de 30 anos de ensaios com sementes de *Vicia faba* L. As sementes de *Vicia faba* foram seleccionadas como o modelo ideal para testar um efeito de armazenamento. Foram tratadas com mutagénicos não-alquilantes (MH) e mutagénicos alquilantes (MMS) e armazenadas a 50 % de teor de água durante 0, 14 e 28 dias. A avaliação com CAs, SSBs, DSBs e UDS mostrou que este método é um fenómeno geral para melhorar a capacidade de reparação do ADN. Este facto foi também confirmado no caso do envelhecimento das sementes de *V.* faba com um efeito de rejuvenescimento.

***Palavras-chave*:**
Rejuvenescimento, envelhecimento, armazenamento de sementes, *V. faba*, reparação do ADN, metanossulfonato de metilo, hidrazida maleica

***Abreviaturas*:**

AP-sites = alkylated purine or pyrimidine sites
CAs = chromosomal aberrations
CHO = Chinese Hamster Ovaria
BER = base excision repair
DES = diethyl sulphate
DSBs = double-strand breaks
EMS = ethyl methanesulphonate
HU = hydroxy urea
ICARDA = International Center for Agricultural Research in the Dry Areas
IR = ionizing radiation
M.C. = mitotic cycle
MH = maleic hydrazide
MGMT = O^6-methylguanine-DNA methyltransferaze
MMS = methyl methanesulphonate
MNU = methyl nitroso-urea
NER = nucleotide excision repair
PMS = propyl methanesulphonate
iPMS = isopropyl methanesulphonate
SSBs = single-strand breaks
^{3}H-TdR = radioactive labeled thymidine
TEM = triethylene-melamine
UDS = unscheduled DNA synthesis
Urd = uridine
UVVR = Ústav pro výskum a využití radioizotopů, Praha
w.c. = water content
xrs = X-ray sensitive

A importância dos mecanismos de reparação do ADN na proteção e reparação de danos genéticos tem sido cada vez mais reconhecida nas últimas décadas. Tal como o sistema imunitário protege o organismo hospedeiro das infecções, o sistema de reparação do ADN localiza e classifica muitos tipos de danos genéticos. "Tal como acontece com o sistema imunitário do corpo, a estimulação ou regulação dos mecanismos de reparação do ADN pode influenciar o processo de cura do material genético danificado. A maioria das doenças humanas pode ser explicada, em parte, como casos de sensibilidade a danos ou reparação inadequada do ADN." (Bohr e Wasserman 1988).

Atualmente, as seguintes doenças são atribuídas principalmente à falha da função de reparação do ADN: Xeroderma pigmentoso, síndroma de Bloom, anemia de Fanconi e progeria (Howard-Flanders 1973, Buchwald e Moustacchi 1998, Will et al. 1998, Shanower e Kantor 1998, Cordonnier e Fuchs 1999). A esta lista podemos ainda acrescentar a ataxia telangiectasia, a progeria de Hutchinson-Gilford, a síndrome de Cockayne e a retinoblastémia (Trosko e Chia-cheng 1978, Strike e Jones 1999) e a epidermodisplasia verruciforme (Lehmann e Karan 1981). Além disso, suspeita-se amplamente que a inconentia pigmentii, a disqueratose congénita, a síndrome de Werner e Chediak-Higashi (Huang 1978), a síndrome de Alzheimer, a esclerose lateral amiotrópica, a porfiria, a tricodistrofia e o cancro da mama (Bohr e Wasserman 1988) estejam relacionados com a insuficiência de reparação do ADN e estão a ser investigados em conformidade. Embora estas doenças sejam bastante raras na população mundial como um todo (de 1:20.000 a 1:250.000), a sua frequência estimada no estado heterozigótico é bastante elevada. Estudos epidemiológicos mostraram, por exemplo, que os heterozigotos dos genes da ataxia teleangiectasia são responsáveis por até cinco por cento das mortes por cancro antes dos 45 anos (Paces et al. 1983). Do mesmo modo, cerca de seis em cada mil pessoas nascem com aberrações cromossómicas (Natarajan 1989).

A reparação do ADN torna-se ainda mais importante quando se considera que o ADN repara com sucesso até 90% de todas as lesões genéticas num organismo (Natarajan 1989). "Nos seres humanos, um mecanismo eficiente de reparação do ADN é crucial para garantir o crescimento normal, a renovação celular e a fertilidade. É também necessário como proteção contra a elevada taxa de malignidade que, de outra forma, poderia ocorrer após a exposição à luz solar e aos carcinogéneos do nosso ambiente... " (Howard-Flanders 1973). [44]Isto também se aplica às plantas, uma vez que "as actividades responsáveis pela manutenção da integridade do genoma nas células somáticas das plantas devem ser muito eficientes (Bray e West 2005).

É importante notar todos estes factos, uma vez que o resumo das nossas experiências neste estudo fornece uma contribuição prática para a hipótese de que "a inibição química de alguns mecanismos de reparação pode imitar as inadequações genéticas da reparação do ADN..." (Troska e Chia-cheng 1978). No nosso caso, a inibição química é substituída por uma inibição fisiológica prática que, além disso, pode ser desencadeada pelo mesmo mecanismo de armazenamento experimental com um efeito significativo na reparação do ADN.

Universalidade dos sistemas de reparação do ADN

Lehmann e Karan (1981) afirmaram que "o reconhecimento da relação causal entre os danos no ADN e os agentes mutagénicos e cancerígenos, bem como a identificação de muitas doenças genéticas que envolvem defeitos celulares, os sistemas de reparação do ADN são de extrema importância". Existem opiniões sobre a uniformidade/universalidade do sistema de reparação do ADN, que são apoiadas pelas respostas semelhantes aos danos causados pela radiação UV, radiação ionizante e defeitos químicos (Sedliakova 1987). A universalidade teórica dos mecanismos de reparação foi demonstrada por alguns dados sobre a semelhança das enzimas de reparação em células animais e vegetais; por exemplo, a alfa-DNA polimerase (Litvak e Castroviejo 1985), H-RNAases (Osborne 1982), e uracil-DNA glicosilase e AP-endodeoxirribonuclease (Talpaert-Borle e Liuzzi 1982). "Muitas células, se não todas, não só produzem as enzimas necessárias para a replicação e recombinação do ADN, como também são capazes de reparar o ADN danificado por vários tipos de radiação e por substâncias químicas que causam danos semelhantes, ajudando assim a manter a vitalidade e a função normais da célula." (Howard-Flanders 1973). Muito foi relatado numa monografia seminal de Nickoloff e Hoekstra (1998).

De acordo com Velemnsky e Gichner (1978), as endonucleases AP, que se encontram em bactérias, fungos, insectos, vertebrados e plantas superiores, "funcionam provavelmente na maioria dos organismos como um meio de proteção contra os efeitos da depuração espontânea do ADN não modificado". Osborne e colegas forneceram uma série de provas de enzimas específicas que são activas na reparação de células vegetais (Osborne et al. 1984). Foram detectadas nucleases AP em espécimes de *Phaseolus aureus* e em embriões de *Phaseolus multiflorus* (Thibodeau e Verly 1976), enquanto algumas foram separadas por eletroforese de cloroplastos de folhas de cevada (Veleminsky et al. 1980c). De particular interesse é o isolamento e a purificação parcial de uracil DNA glicosilases e AP endodeoxirribonucleases, que ajudam a avaliar os danos genéticos em tecidos vegetais, bem como a reparação por precipitação de bases de DNA rico em uracil de culturas de células de cenoura (Talpaert-Borle e Liuzzi 1982). No caso destas duas enzimas, foi utilizada a cromatografia de afinidade para determinar certas propriedades semelhantes às das enzimas homólogas de mamíferos e bactérias.

De acordo com Osborne et al. (1984), as DNA ligases estão presentes em vários tecidos das plantas superiores, atingindo a concentração mais elevada no pólen durante a fase S, seguida da divisão celular. [6]Por outro lado, a O-alquil-guanina-DNA-alquiltransferase não pôde ser detectada numa seleção tão representativa de espécies vegetais como *Arabidopsis taliana*, *V. faba*, *Tradescantia* e *Nicotiana tabacum* (Velemmsky e Angelis 1990).

Reparação do ADN nas plantas

A contradição entre a uniformidade esperada dos aspectos básicos dos mecanismos de reparação do ADN nas diferentes espécies e os resultados indeterminados das experiências destinadas a provar esta hipótese foi evidente desde os primeiros relatórios. Como afirma McLennan (1987) ao resumir as experiências de Trosko e Mansour (1968, 1969), "a observação dos mecanismos de reparação do ADN das plantas e dos seus equivalentes bacterianos e animais levou à rápida convicção de que as plantas têm uma capacidade muito limitada de reparar o ADN danificado". A natureza controversa destas primeiras descobertas deve ser notada. A primeira evidência da reparação de danos durante a divisão das células vegetais foi descrita por Nichols em 1941. Osborne (1984) fornece a primeira prova de mecanismos de reparação em plantas: "a fotorreactivação enzimática e a monomerização de dímeros de pirimidina induzidos por UV" em *N. tabacum* e *Haplopappus gracilis* (Trosko e Mansour 1968), o que está provavelmente relacionado com a avaliação semelhante do trabalho experimental de Saito e Werbin (1969) com a citação do trabalho de Trosko e Mansour (1968) sobre o chamado "fenómeno de fotoreparação observado em plantas superiores". No entanto, estas primeiras tentativas (Trosko e Mansour 1968) não foram bem sucedidas, como é corretamente referido nos trabalhos de síntese de Kihlman (1975, 1977), Velemmsky e Gichner (1978) e do já referido McLennan (1987). Trosko e Mansour referem-se a trabalhos anteriores (Owen 1957, Lunden 1960) em que foi observada uma "fotorreversão de muitos tipos de danos biológicos induzidos por UV" em plantas superiores.

As primeiras experiências com feijões de campo baseavam-se nas descobertas originais de Evans (1966). Nessas experiências, os danos genéticos foram induzidos primeiro por raios X (Wolff e Scott 1969) e depois por mutagénicos químicos (Wolff 1973). Os resultados destas experiências foram descritos pelos autores como claramente negativos: "Na fase de reparação das quebras cromossómicas induzidas pela radiação, não observámos nenhuma síntese de ADN não programada nas células das pontas das raízes após grandes quantidades de raios X." De acordo com Wolff e Scott (1969) "...não foi encontrada nenhuma replicação de reparação. Isto sugere que a replicação reparadora pode estar ausente num organismo normal. Embora as quebras cromossómicas sejam reparadas em *Vicia*, os dados confirmam a suposição de que estas reparações cromossómicas são efectuadas independentemente da replicação de reparação..." (Wolff 1973).

No seu relatório seguinte, Wolff e Scott (1969) concluíram que "as células vegetais tratadas com radiação RTG não requerem síntese de ADN não programada ou excisão de bases para reparação. A evidência insuficiente de replicação reparadora ou de síntese não programada de ADN indica que o mecanismo de reparação por excisão não está envolvido na reparação de quebras cromossómicas nem na formação de aberrações cromossómicas em *V. faba*, como anteriormente se supunha."

Golikova e Mironjuk (1977) também chegaram à conclusão de que "atualmente não está provado que a reparação do ADN nas células vegetais seja análoga à chamada 'reparação às escuras' nas bactérias e em algumas células animais".

A investigação conduzida principalmente por Wolff levou a reservas generalizadas quanto à equiparação dos mecanismos de reparação das células vegetais aos das bactérias e dos animais. No entanto, investigações posteriores apontaram para a existência de mecanismos de reparação em plantas superiores, especialmente em células vegetais expostas à radiação UV (cf. Vonarx 1998). Segundo Kihlman (1977), as primeiras experiências bem sucedidas deste tipo foram *realizadas* com a "excisão de dímeros de pirimidina de ADN induzidos por UV em espécimes de *Daucus, Haplopappus, Nicotiana* e *Petunia.* " (Howland 1975). É importante notar que as lesões de ADN induzidas por UV são reduzidas principalmente pela reparação por excisão de nucleótidos (NER), de acordo com as experiências com células de mamíferos, o que é obviamente diferente da reparação por excisão de bases (BER) mencionada anteriormente (Vonarx 1998). Nos eucariotas, algumas ou todas as subunidades do fator de transcrição IIH são necessárias para o sucesso da NER (Friedberg, 1996). A NER é também um dos principais métodos através dos quais as células eliminam as lesões do ADN que distorcem a helicase, causadas por alguns mutagénicos químicos (Araujo e Wood 2000).

Nas suas experiências, Velemmsky e Gichner (1978) referem-se aos resultados de HU do trabalho de Soyfer e Cieminis (1977a, 1977b). A ausência de replicação da reparação do ADN após MNNG e 4-nitroquinolina-1-óxido foi testada em *V. faba* (Wolff e Cleaver 1973), enquanto foi testada em sementes de cevada com radiação gama e 4-nitroquinolina-1-óxido (Yamaguchi et al. 1975) com o resultado oposto, positivo. Segundo Ondrej (1978), "apenas Velemmsky et al. (1972) demonstraram de forma conclusiva que a reparação por excisão funciona nas plantas".

É de salientar que os resultados de Gichner et al. (1972) e Velemmsky et al. (1972) são **o resultado** de quase dez anos de experiências realizadas pela equipa de Praga. Velemmsky et al. declararam em 1977: "Embora as nossas experiências tenham sido a primeira tentativa de estimular a síntese de reparação em células vegetais com mutagénicos, os dados que obtivemos fornecem provas completas de que as células vegetais superiores estão equipadas com enzimas para a síntese de reparação. Juntamente com a reparação de quebras de cadeia simples induzidas por MNU e outros agentes alquilantes no ADN de células embrionárias de cevada e o isolamento de endonucleases específicas para locais AP de tecidos de cevada, a demonstração da síntese de reparação em células embrionárias de cevada apoia a teoria de que as células de cevada estão equipadas com todas as actividades necessárias para a realização de mecanismos de reparação por excisão que são funcionalmente idênticos aos de outros organismos."

No caso da *V. faba,* os relatórios de Petkova (1973), Krupnova e Zhestyanikov (1977) e Kuglik (1988) confirmaram esta hipótese. medida que o número de resultados positivos foi aumentando, as experiências anteriores foram sendo criticadas. Wolff e Cleaver (1973) foram criticados por interpretarem erradamente os seus resultados experimentais, enquanto Velemmsky e Gichner (1978) assinalaram problemas com alguns dos métodos utilizados nos ensaios de culturas de células bacterianas, mamíferas e humanas, que, segundo eles, poderiam conduzir a conclusões simplificadas e negativas, ao negligenciarem modelos vegetais específicos. Wolff e Cleaver procuraram, sem sucesso, um tipo de síntese de reparação após a exposição de raízes em crescimento ou de sementes embebidas de *V. faba a* N-metil-N-nitro-N-nitroseguanina (MNNG) ou a 4-nitroquinolina-1-óxido (NQ). Seguiram o processo das experiências efectuadas em células HeLa S-3. Por outro lado, não prolongaram o ciclo celular e 'pulsaram' o tecido em crescimento de 3H-BUDr durante apenas 4 horas."

Velemmsky e Gichner continuam: "Estes dois factores são a explicação mais provável para o facto de se encontrar o pico de radioatividade em gradientes de CsCl apenas a densidades típicas de uma síntese semiconservativa e não reparadora..." Krupnova e Zhestyanikov (1977) criticaram a utilização de células de *V.* faba não sincronizadas nas experiências de Wolff e Scott (1969). Neste caso, os experimentadores também tentaram determinar a síntese de ADN não programada analisando as células de V. faba fortemente indexadas ou não indexadas. Krupnova e Zhestyanikov argumentaram logicamente que a síntese não programada tem uma intensidade significativamente mais baixa (ver também Cleaver e Thomas, 1979; Osborne et al., 1984) e, por conseguinte, as células fracamente indexadas devem ser analisadas nos autoradiogramas. Ao mesmo tempo, é possível definir os limites entre células não indexadas, fracamente indexadas e fortemente indexadas determinando o menor número médio de grãos de prata sobre o núcleo indexado em relação ao número médio de grãos de prata numa determinada lâmina (Hill e Benes 1966). No caso da experiência de Painter e Wolff (1973), Krupnova e Zhestyanikov salientam que "procuraram provas da incorporação dos precursores pesados no ADN do caule de *V. faba* comparando os picos de sedimentação do ADN durante a centrifugação em gradiente equilibrado em CsCl. O baixo nível de replicação de reparação com 0,1-0,2 moléculas de BUDr incorporadas na rutura é explicado pelo facto de as células vegetais não necessitarem de síntese não programada ou de excisão de bases após a irradiação RTG."

No entanto, estes resultados foram obtidos pelos mesmos métodos utilizados para a contagem de células de mamíferos e, segundo Velemmsky et al. (1977), "os resultados negativos descritos nas experiências em *V. faba* não foram causados pela incapacidade das células de *V.* faba para reparar os danos causados pelo mutagénio através de sínteses de reparação, mas sim por condições inadequadas, tais como tempo insuficiente dedicado às capacidades de reparação de BUDr, especialmente a baixa incorporação de BUDr, etc.".

Como resultado de todas estas experiências e discussões, a existência de UDS nas plantas é totalmente aceite em revisões como a de Vonarx (1998). Os efeitos específicos dos danos no ADN das plantas também são aceites. Embora a carcinogénese não seja particularmente relevante para a maioria das plantas de importância agronómica, é possível que os danos no ADN desempenhem um papel significativo no envelhecimento das sementes e das culturas perenes. Embora os danos no ADN sejam muitas vezes considerados principalmente em termos dos seus efeitos mutagénicos, a persistência de bases danificadas tem também um efeito inibidor de crescimento significativo (Britt 1996). Por outro lado, sabe-se também que as plantas contêm antioxidantes que eliminam os radicais livres, evitando assim os danos no ADN e as mutações subsequentes (Collins 1999).

No entanto, uma vez que "a decomposição dos mecanismos mutacionais e a sua base molecular foram negligenciadas", bem como "o baixo nível de interesse no estudo dos mecanismos de reparação das plantas foi também retardado pelo facto de os primeiros estudos que procuraram mecanismos de reparação obscuros a nível molecular terem dado resultados negativos... informações importantes sobre estes processos, incluindo a reparação do ADN nas plantas, foram criticamente subestimadas na prática" (Veleminsky e Gichner 1978). Para acabar com a incerteza persistente nesta matéria, seria útil considerar a importância global dos modelos vegetais nas experiências que se centram nos níveis genético e microbiológico. Segundo Osborne et al. (1984), "o papel especial das plantas, em comparação com outros tipos de organismos, na manutenção da integridade da informação genética é surpreendente. Com base na presença de três genomas distintos mas interdependentes em cada célula vegetal, podemos estudar uma cooperação complexa entre as sínteses de reparação do ADN - as mitocôndrias e os plastídeos estão próximos dos procariotas, enquanto os núcleos têm mecanismos de reparação idênticos aos de outros eucariotas". Bezdek (1989) chama a atenção para a presença invulgar dos três tipos de ADN (nuclear, plastidial e mitocondrial) nestas sínteses, bem como para a elevada plasticidade do genoma. "Esta propriedade e a totipotência das células vegetais tornam certas plantas adequadas para estudar a evolução da heterogeneidade do genoma. " (Bezdek 1989).

"Um outro impulso para a investigação sobre o mecanismo mutagénico e a reparação do ADN é o facto de as plantas poderem ser tratadas com mutagénicos provenientes da atmosfera, da água e do solo ou com produtos químicos sob a forma de pulverizações e pós (pesticidas...). Alguns destes produtos químicos são conhecidos como mutagénicos, outros são suspeitos de o serem. Além disso, a perturbação do ozono estratosférico pelos vapores industriais levará a que cada vez mais radiação UV atinja a superfície da Terra... Todos estes factores podem contribuir para uma maior capacidade de mutação das plantas e para a perturbação de plantas selvagens e cultivadas geneticamente normais. Certas espécies de plantas sintetizam mutagénicos ou pró-mutagénicos e metabolizam (activam) substâncias não mutagénicas em mutagénicos instáveis ou estáveis. O mutagénio ativado ou sintetizado afecta não só as próprias plantas mas também, se for estável, os animais ou a população humana que o ingerem através da cadeia alimentar vegetal". (Veleminsky e Gichner 1978).

Por último, segundo Veleminsky e Angelis (1990), devemos mencionar duas das razões mais importantes para estudar a reparação nas plantas superiores:

A reparação do ADN é uma parte importante do processo de mutação que determina o tipo e a frequência das mutações no melhoramento das culturas. Durante mais de 40 anos, as radiações ionizantes, os agentes alquilantes e outros agentes mutagénicos induzidos quimicamente têm sido amplamente utilizados no melhoramento das plantas.

A reparação do ADN pode ser um dos mecanismos de defesa para proteger as plantas selvagens e cultivadas dos efeitos genotóxicos externos a que muitas plantas estão expostas durante longos períodos de tempo, especialmente a grandes altitudes onde estão presentes níveis comparativamente elevados de radiação UV, radiação ionizante e radiação cósmica, bem como em zonas industriais onde a poluição genotóxica do ar, do solo e da água e os pesticidas também são predominantes.

Envelhecimento e plantas

Nos seres humanos, o envelhecimento está frequentemente associado a hábitos alimentares e a outros aspectos do estilo de vida. No entanto, as plantas não têm estes aspectos da sua vida e também mostram os efeitos do envelhecimento. Consequentemente, "as plantas representam um desafio para as teorias gerais do envelhecimento biológico", como afirma Thomas (2002). A procura de princípios universais de envelhecimento em modelos de plantas dura há mais de um século, desde um primeiro relatório de Vries em 1901, que foi parcialmente mal interpretado (ver Priestley 1985). Uma das tentativas contínuas destas experiências durante um período tão longo foi ajudar a clarificar o problema geral do envelhecimento (ver Munn 2001, Munn e Micieta 2009), com base em teorias gerais de Strehler (1962) a Valleriani e Tielborger (2006). A dependência entre a idade e a instabilidade do aparelho genético da célula é bem conhecida (Kirkwood 1988, Slagboom e Vijg 1989) e foi também observada nas sementes de plantas. Assim, Osborne et al. (1984) consideram as sementes como um sistema único e atrativo para estudar a reparação dos danos no ADN que ocorrem durante o processo de envelhecimento.

Cartledge e Blakeslee publicaram os resultados de 22 anos de armazenamento de sementes de Datura no solo; neste caso, a taxa de aberração foi muitas vezes inferior à das sementes armazenadas em laboratório (Cartledge e Blakeslee 1935). Interessante é a utilização de material de depósitos vulcânicos especiais para populações de sementes enterradas durante 20 anos (Ishikawa-Goto e Tsuyuzaki 2004) e experiências para prolongar o tempo de armazenamento de sementes de cevada (*Hordeum vulgare ssp. Vulgare*) até 72 anos (Parzies et al. 2000). Outra abordagem consiste em comparar a sensibilidade das sementes velhas e novas de *Allium fistulosum* L. a diferentes ambientes poluídos, tendo este estudo revelado uma forte influência na sua instabilidade cromossómica (Bezrukov e Lazarenko 2002). Outros autores concentraram-se no equilíbrio ótimo entre o tempo, a temperatura e a humidade das sementes armazenadas (Vertucci et al. 1994, Cupic et al. 2005) e obtiveram melhores resultados com lotes de sementes enterradas do que com lotes de sementes pós-amadurecidas (Martinkova e

Honek 2005).

Um grande grupo de autores apontou a redução de aberrações cromossómicas em sementes após hidratação aerada (Burgass e Powell 1984, Eeswara et al. 1998, Thornton e Powell 1992, Thornton et al. 1993), o que está relacionado com o seu maior teor de humidade (Villiers 1974, Ward e Powell 1983, Powell et al. 2000). Por exemplo, Ward e Powell (1983) relataram evidências de ativação de processos de reparação de sementes durante períodos de hidratação parcial das sementes e, mais tarde, Burgass e Powell (1984) descreveram uma experiência em que sementes com baixo vigor devido à senescência mostraram uma forte melhoria na qualidade das sementes após uma imersão de duas horas em água, o que se reflectiu num aumento da taxa de germinação e numa maior emergência no solo quando secas ao seu teor de humidade original após o tratamento e mantiveram estes efeitos positivos. As condições opostas conduzem a uma deterioração da qualidade quando armazenadas secas (Villiers e Edgecumbe 1975). Villiers (1973) foi o primeiro a apontar condições próximas do "efeito de armazenamento" quando relatou que um armazenamento de duas semanas de sementes totalmente embebidas mas não germinadas permitia a manutenção de uma elevada capacidade de germinação durante longos períodos, juntamente com uma incidência muito baixa de aberrações cromossómicas. Estas observações foram também confirmadas no que respeita à ocorrência e reparação de sítios apurínicos/apirimidínicos no ADN durante a germinação precoce de *Zea mays* (Dandoy et al. 1987). Ao mesmo tempo, as mesmas observações foram feitas por Gichner e Velemmsky (1973) após o tratamento mutagénico das sementes.

O tempo entre o início da germinação das sementes e a primeira onda de replicação semi-conservativa do ADN nas suas células é muito importante para a viabilidade das sementes. Se esta "janela" da fase G-1 do primeiro ciclo mitótico for alargada de horas para dias pelo método do "efeito de memória", a diminuição ou o aumento dos danos genéticos depende das condições deste alargamento. Gichner e Gaul (1971) observaram pela primeira vez na cevada (*Hordeum vulgare* L.) uma diminuição drástica da altura das plântulas que sobreviveram ao armazenamento a 13% - 20% de teor de água (w.c.) durante o prolongamento acima mencionado da fase G1. Numa série de experiências, Murata et al. (1982) relataram que um teor de água de 12% - 18% na cevada atrasava e reduzia a germinação das sementes, paralelamente a um aumento da frequência de ana-telófases aberrantes. Os resultados obtidos por estes autores inspiraram as nossas experiências de envelhecimento artificial das sementes de *Vicia* faba, que foram desenvolvidas a partir do "efeito de armazenamento" observado por Veleminsky e Gichner numa série de experiências (ver McLennan 1987). Este método foi aperfeiçoado para *Vicia faba* L. nas nossas próprias experiências (Munn e Micieta 1992, Munn 1993, Munn e Micieta 1996, Munn e Micieta 1997a-c, Munn e Micieta 1998a,b,c, Munn 2001, Munn e Micieta 2001, Munn et al. 2007, Munn e Micieta 2009). Isto leva-nos, no final, a uma combinação dos efeitos do tratamento mutagénico e dos efeitos do envelhecimento, utilizando sementes velhas para estas experiências. O efeito sinérgico dos danos no ADN em sementes velhas mostrou uma reparação mais significativa após o armazenamento do que quando as sementes velhas foram armazenadas sem tratamento mutagénico.

Observámos que os danos foram reparados após o tratamento com o agente não-alquilante MH durante o armazenamento das sementes danificadas a 50% w.c. (Munn 1993). Ao contrário dos efeitos do armazenamento na frequência das aberrações cromatídicas, não houve diferenças significativas nos padrões de distribuição das aberrações cromatídicas. A explicação para os resultados obtidos após o tratamento com o agente mutagénico e o subsequente armazenamento a 50% p.c. poderá ser que, embora os danos no ADN causados pelo efeito do agente mutagénico não se distribuam aleatoriamente no cariótipo das células danificadas, a reparação desses danos ocorre ao mesmo nível para todos os segmentos cromossómicos, independentemente da sua sensibilidade a um determinado agente mutagénico e do protocolo experimental utilizado (Munn e Micieta 1996). Assim, os resultados da nossa investigação indicam que, embora os danos no ADN ocorram selectiva e preferencialmente em alguns segmentos, a reparação destes danos no ADN não é selectiva para um determinado cromossoma ou segmento cromossómico.

O modelo de sistema selecionado

As sementes de plantas têm sido estudadas há mais de cem anos (ver Munn 2001, Munn e Micieta 2009). Os primeiros relatórios revelaram a relação entre o declínio da sua vitalidade e as condições de armazenamento (Navaschin 1933, Cartledge e Blakeslee 1934, 1935; Stube 1935, Nichols 1942, D'Amato 1951, Munn 1961, Avanzi et al. 1969). Uma vez que a respiração é a manifestação mais pronunciada do metabolismo nas sementes armazenadas, deve também ser tida em conta. Dubinin et al. (1965) concluíram que, durante a germinação de sementes velhas, os produtos mutagénicos naturais do metabolismo celular reorganizam os tipos de cromatídeos e de cromossomas. Da mesma forma, Innocenti e Avanzi (1971) verificaram, nas suas experiências com sementes de trigo, que as mutações que ocorrem durante a germinação são causadas pela presença de metabolitos mutagénicos. As sementes de diferentes *espécies de Vicia* são normalmente utilizadas para experiências laboratoriais, uma vez que oferecem uma grande variedade de acessos (até 32 % da coleção mundial total de todas as sementes garantidas pelo ICARDA de 71 países, cf. Maalouf et al. 2013). Rieger e Michaelis (1959) verificaram que as sementes de *V. faba* são susceptíveis aos efeitos do etanol ou de outros "automutagénicos" que podem acumular-se durante a respiração de sementes armazenadas durante longos períodos de tempo. Esta constatação foi também confirmada para as sementes de soja, onde um desequilíbrio entre as actividades tricarboxílicas e glicolíticas levou à acumulação de etanol e acetaldeído (Woodstock e Taylorson 1981). Woodstock et al. (1984) verificaram mais tarde que a deterioração das sementes está geralmente relacionada com um ou mais aspectos do metabolismo respiratório, tais como uma diminuição da absorção de O2, um aumento do quociente respiratório e da produção de etanol, uma diminuição da eficiência da fosforilação e das enzimas respiratórias em mitocôndrias isoladas, alterações no teor de ATP e um aumento da via eletrónica resistente aos cianetos. Além disso, o envelhecimento acelerado leva a uma deterioração acentuada da respiração das sementes, em particular através da via do citocromo, e a uma ativação associada da via alternativa no eixo da semente. Leopold e Musgrave (1980) levantaram a hipótese de que o declínio da atividade respiratória e a alteração das vias respiratórias podem desempenhar um papel importante no declínio da germinação e do vigor. Observou-se também que as sementes de soja envelhecidas apresentavam um potencial antioxidante mais baixo na fração líquida, um teor mais baixo de tocoferol e uma relação ascorbato: dehidroascorbato reduzida, o que sugere que o processo de envelhecimento está também associado à exposição ao stress oxidativo (Samaratna et al. 1988). As sementes de trigo de diferentes idades também apresentaram uma redução da atividade da amilase escutelar (Das e Sen-Mandi 1992).

Bewley e Black (1982, 1994) investigaram a relação entre a cor do revestimento das sementes, a dormência e a germinação do trigo em função do teor de inibidores (catequinas e seus derivados) no revestimento das sementes. Floris e Anguillesi (1974) deram um contributo importante para a compreensão desta expressão externa do estado interno das sementes de fava, quando relataram várias alterações bioquímicas e funcionais em sementes envelhecidas. Durante o armazenamento prolongado, enzimas como a catalase, a peroxidase, a citocromo oxidase e a descarboxilase apresentam uma atividade reduzida, enquanto a capacidade de síntese proteica das sementes mais velhas se perde durante o processo de germinação. Além disso, a permeabilidade das membranas aumenta, o que leva a uma redução do açúcar e de outros produtos metabólicos.

De acordo com Roos (1980), quatro factores devem ser tidos em conta durante o armazenamento das sementes: Tempo, temperatura, humidade relativa (humidade das sementes) e teor de oxigénio. Com exceção das espécies recalcitrantes, dois factores - o tempo e o teor de oxigénio - têm muito pouco efeito na capacidade de armazenamento se forem mantidos o teor de humidade e as temperaturas de armazenamento ideais. Roberts e Ellis (1977), por exemplo, previram uma taxa de sobrevivência de 95% das sementes de ervilha (*Pisum sativum* L.) após 1090 anos de armazenamento a -20°C e 5% de humidade das sementes. Se a temperatura de armazenamento for reduzida ainda mais, a viabilidade pode ser prolongada indefinidamente. As tentativas de prolongar a viabilidade das sementes durante o armazenamento centraram-se na utilização de azoto líquido (LN2) como meio de armazenamento a uma temperatura de -196°C. A esta temperatura, toda a atividade bioquímica é presumivelmente reduzida a essencialmente zero. Assim, as alterações nocivas acima referidas devem ser excluídas. De acordo com Babasaheb (2004), o teor de humidade durante o armazenamento das sementes deve ser inferior a 8 %.

Em 1981, King et al. relataram que a sobrevivência das sementes de limão (*Citrus limon* L.), lima (*C. aurantifolia* Swing.) e laranja (*C. aurantium* L.) foi estudada numa vasta gama de teores de humidade e temperaturas constantes. A longevidade das sementes foi aumentada pela redução do teor de humidade e da temperatura no ambiente de armazenamento. A viabilidade máxima foi obtida numa combinação de condições de armazenamento, incluindo o teor de humidade mais baixo (5 %) e a temperatura mais baixa (-20 °C). Foi salientado que o armazenamento a seco de sementes de citrinos é prático para a preservação genética.

Bonner (1990) apresenta uma classificação das sementes armazenadas em quatro classes de características de armazenamento: As sementes "ortodoxas verdadeiras" podem ser armazenadas por longos períodos com um teor de humidade de 5-10% e temperaturas abaixo de zero; as sementes "sub-ortodoxas" podem ser armazenadas nas mesmas condições, mas apenas por períodos mais curtos devido ao elevado teor de lípidos ou à fina camada de sementes; as sementes "recalcitrantes temperadas" não podem ser secas, mas podem ser armazenadas durante 3 a 5 anos a temperaturas próximas do congelamento; e as sementes "recalcitrantes tropicais" também não podem ser secas e morrem a temperaturas inferiores a 10-15 °C."

Grilli et al. (1995) descreveram o conteúdo de poli(A)polimerase como um marcador significativo da viabilidade das sementes durante o seu armazenamento a longo prazo. A produção dos voláteis orgânicos mais importantes, etanol e acetaldeído, durante a imbibição também depende fortemente do armazenamento a longo prazo das sementes (Gorecki et al. 1992). Murthy et al. (2002) identificaram duas reacções bioquímicas primárias responsáveis pela deterioração do vigor das sementes durante o armazenamento a longo prazo: A peroxidação lipídica e a glicosilação não enzimática de proteínas, que reduz os açúcares. A análise PCR efectuada por Chwedorzewska et al. (2002) levou os autores a concluir que o armazenamento prolongado das sementes, que conduz à perda de viabilidade, provoca também alterações hereditárias no germoplasma conservado. Por outro lado, a atividade antioxidante em sementes armazenadas sob diferentes condições (temperatura e w.c.) não está relacionada com a viabilidade das sementes (Merritt et al. 2003). No entanto, Andreev et al. (2004) verificaram que a perda da capacidade germinativa durante o armazenamento de sementes de centeio estava associada a uma redução da excisão dos domínios das alças da cromatina. Como Patrick e Stoddard (2010) afirmaram, "o grande tamanho das sementes de feijão comum fez desta espécie um modelo para estudos sobre a fisiologia molecular do desenvolvimento de sementes".

A coloração escura do tegumento das sementes envelhecidas de *V. faba* L. e a sua expressão são objeto dos nossos trabalhos práticos desde 1988 (Munn 1988 a, b). Atualmente, sabemos que a cor da testa indica tanto a viabilidade como a idade das sementes. No seu estudo sobre o feijão adzuki australiano, Yousif et al. (2003) referiram também os efeitos do tempo e das condições de armazenamento na cor do tegumento das sementes. O escurecimento da cor do revestimento das sementes foi também confirmado para a variedade cv. Fiesta (Nasar-Abbas et al. 2009). A correlação entre a cor do revestimento da semente e a viabilidade da semente é uma ferramenta importante para estudar o envelhecimento neste modelo de planta.

Os agentes mutagénicos seleccionados utilizados

Como queríamos realizar as experiências com agentes mutagénicos com propriedades conhecidas, escolhemos o agente alquilante dependente de S metanossulfonato de metilo (MMS) e o agente mutagénico dependente de S hidrazida maleica (MH), ambos utilizados há anos no laboratório e na indústria.

Os agentes mutagénicos que escolhemos, a hidrazida maleica e o metanossulfonato de metilo, orientaram as nossas experiências para um domínio que não foi suficientemente abordado por nenhum dos autores acima citados. Já nos referimos aos resultados negativos publicados neste domínio. Foram obtidos resultados positivos no que respeita à influência dos raios gama na síntese não programada de ADN (Krupnova e Zhestyanikov, 1977; KugliR, 1988) e à evidência micro-autoradiográfica do efeito inibitório dos agentes alquilantes na síntese da replicação do ADN (Petkova, 1973). Perante estes resultados, estamos convencidos de que há muito espaço para novas e originais descobertas. Ao mesmo tempo, temos à nossa disposição o método das experiências de "efeito de memória", experimentado e testado várias vezes por Velemmsky e Gichner, que se revelou um guia fiável nos mais de dez anos de investigação que se seguiram.

Metanossulfonato de metilo

Nas suas experiências de armazenamento, Velemmsky e Gichner utilizaram principalmente os agentes alquilantes MNU, EMS, MMS e DES, menos frequentemente a etilenimina (Gichner et al., 1980), ENU (Gichner et al., 1968) e PMS ou iPMS (Gichner et al., 1972). Os agentes alquilantes são mutagénicos e carcinogénicos clássicos, frequentemente utilizados em laboratórios que investigam os mecanismos moleculares do desenvolvimento de mutações genéticas, aberrações cromossómicas e mutações somáticas como indicadores de carcinogénese. E sabe-se que algumas aberrações cromossómicas podem ser letais (Chadwick e Leenhouts 1974). Encontramos aqui os mutagénicos mais potentes utilizados na reprodução de plantas e microrganismos, os carcinogénicos mais potentes e alguns dos mutagénicos mais perigosos no ambiente humano (Velemmsky e Gichner, 1981). São também frequentemente utilizados em quimioterapia devido aos seus efeitos citotóxicos, apesar das enzimas protectoras de reparação do ADN das células alvo (Karran e Hampson, 1996). O que este grupo de agentes com diferentes propriedades físicas e químicas tem em comum é o facto de conterem um ou mais grupos alquilo.

Os agentes alquilantes são compostos electrofílicos que podem reagir com alguns dos muitos centros nucleofílicos da molécula de ADN, principalmente com os átomos de azoto cíclicos e os átomos de oxigénio exocíclicos das bases (McLennan, 1987). A maior parte dos danos causados pela metilação ocorre nas bases purínicas (Britt, 1996). Os agentes alquilantes biológicos transferem os grupos alquilantes para as macromoléculas biologicamente importantes em condições fisiológicas (Auerbach, 1976). De acordo com Veleminsky e Gichner (1982), o produto mais comum da alquilação do ADN após exposição à maioria dos agentes alquilantes é a N-7-alquilguanina (até 90 % de todos os produtos alquilados). A sua importância biológica reside no facto de ser facilmente depurada, ou seja, precipita como base do ADN e deixa um local apurínico na cadeia de ADN. A depuração segue-se à labialização do composto N-glicosil, que é causada pela presença do grupo alquilante em N7. Em contraste com esta observação, Britt (1996) verificou que o produto de alquilação mais abundante formado é a 7-metiladenina, que emparelha normalmente com as bases e não é considerada mutagénica ou tóxica. Em concordância com autores anteriores, Britt (1996) concordou que a maioria das ligações nas quatro bases são susceptíveis de metilação em graus muito variáveis e que alguns dos produtos de metilação, se não forem reparados, são promutagénicos e/ou letais. [6]A enzima de reparação O-metilguanina-DNA metiltransferase (MGMT) desempenha um papel fundamental na defesa contra os danos causados pela alquilação do ADN nas células vivas. [6] A proteína actua através de uma reação suicida estequiométrica em que o substituinte metil é transferido da posição O da guanina para um resíduo catalítico. Os níveis celulares de MGMT variam entre espécies e tecidos, tendo sido estabelecida uma correlação entre os níveis da proteína MGMT e a suscetibilidade aos efeitos citotóxicos e tumorigénicos dos agentes alquilantes (Citti et al., 1998).

Nas nossas experiências, utilizámos o metanossulfonato de metilo (MMS) porque é um dos poucos agentes alquilantes que pode causar aberrações cromatídicas e cromossómicas (Velemmsky e Gichner, 1978). Além disso, não foi amplamente testado em *V. faba*, embora mais de uma centena de tipos de mutagénicos tenham sido testados neste modelo vegetal (Sykorova, 1984).

Dos nove principais grupos de agentes alquilantes, o MMS pertence ao grupo dos alcanossulfonatos de alquilo. Duas características, de acordo com as quais os agentes alquilantes são diferenciados e agrupados, têm sido intensamente discutidas do ponto de vista da mutagenicidade. A primeira caracteriza o tipo de grupos alquilantes (ou grupos alquilo), a outra o número de grupos alquilo funcionalmente utilizáveis. O MMS é um agente alquilante monofuncional transferido que doa um dos seus dois grupos metilados, reage com o tipo SN 2, ou seja, através da fase de transição bimolecular (Auerbach, 1976; Velemmsky e Gichner, 1982). A potência genotóxica deste mutagénio, determinada por eletroforese em gel de célula única, é MNU>>MMS>ENU>EMS, sendo a classificação da potência mutagénica destes agentes MNU>>>ENU~MMS >EMS (Gichner et al.,

1999).

No âmbito do armazenamento experimental, é de referir a utilização de MMS marcado com 14-C (Velemmsky et al. 1973a; Zadrazil et al., 1974). Este agente foi também utilizado por Velemmsky et al. (1983) quando estudaram a diferente sensibilidade de dois clones da espécie *Tradescantia* (02 e 4430), mas descreveram "um nível igual de alquilação de proteínas, ARN e ADN e uma quantidade igual de ADN-7-metilguanina e ADN-3-metiladenina nas células durante a floração".

Quando Velemmsky et al. (1975) investigaram o efeito aditivo da cafeína em relação à mutagenicidade do MMS, EMS e EMU em sementes de cevada, verificaram que as quantidades não tóxicas de cafeína "não aumentaram a quantidade de quebras de cadeia simples induzidas pelo mutagénio no ADN tratado e não inibiram a reparação de quebras de cadeia simples induzidas pelo mutagénio durante o armazenamento das sementes". No entanto, no caso das sementes de cevada, Andersson (1982) verificou que "o pós-tratamento com cafeína durante a fase S aumentou a frequência das aberrações induzidas pelo MMS". Andersson avaliou esta dependência de aberrações e lacunas porque, como afirma, as lesões induzidas pelo MMS são responsáveis pela produção dependente de S de aberrações cromossómicas. "As metilações a nível molecular encontram-se principalmente na posição N da guanina e nas posições N-3 e N-1 da adenina." Scalera e Ward (1971) também investigaram este problema em *V. faba* utilizando EMS e detectando os produtos de alquilação com cromatografia de papel gradual. Descreveram o EMS como "específico para a guanina e a 7-etilguanina, que são os únicos produtos detectáveis. Por conseguinte, o efeito da alquilação in vitro do ADN de *V. faba pelo* EMS é principalmente a alquilação da guanina. Cerca de 46 % da guanina total presente no ADN reage com o EMS e produz 7-etilguanina. Verificou-se que um terço da produção total de 7-etilguanina estava isento da depuração do ADN. Esta depuração demonstrou ser responsável pela eliminação de bases". Ward voltou a esta ideia em coautoria com Engle (Engle e Ward, 1974) num resumo geral: "... as observações anteriores com mutagénicos químicos sugerem que as partes ricas em guanina desempenham um papel importante na distribuição não aleatória das aberrações cromossómicas induzidas quimicamente em *V. faba*". No entanto, Velemmsky et al. (1973) afirmam que, após o tratamento com MNU, "a quantidade de N-7-metilguanina no ADN não foi afetada por este tipo de armazenamento de sementes" e "demonstraram que a eliminação desta base não faz parte do mecanismo de reparação". Em *V. faba,* o efeito do ADN exógeno em células tratadas com EMS também foi investigado (Slotova et al., 1974) e foi observado um aumento na reparação de "fragmentos cromossómicos microscopicamente detectáveis".

A partir das observações dos efeitos comprovados dos agentes alquilantes monofuncionais, é evidente que, no caso do *V. faba,* é necessário recorrer mais frequentemente aos resultados dos trabalhos com o EMS. Este mutagéneo foi também utilizado em trabalhos mais recentes destinados a incorporar a experiência do cometa na monitorização ambiental das plantas in situ (Gichner e Plewa, 1998; Stavreva et al., 1998; Gichner et al., 1999). No caso do MMS, os resultados de modelos não vegetais também podem ser úteis. Os estudos sobre a síntese de ADN não programada, que se centraram nas diferenças entre os efeitos do agente alquilante do tipo SN 1, MNU, e do agente do tipo SN 2, MMS, em células fetais de ratinhos, confirmaram os resultados propostos no caso das sementes de cevada (Zadrazil et al. 1974). 4 horas após o tratamento com MNU, o ADN testado estava 1,5 vezes mais metilado do que quatro horas após o tratamento com MMS." O MNU é 17 vezes mais eficaz na produção de mutações letais dominantes do que o MMS" (Sega et al., 1981). Em células CHO, contudo, o ENU foi 4,5 vezes mais mutagénico do que o MNU com o mesmo grau de alquilação do ADN. No entanto, devemos ser mais cautelosos ao extrapolar estes resultados para as plantas, uma vez que, por exemplo, a longa duração da lavagem das sementes de cevada não teve o mesmo efeito nas SSB causadas pelo MMS e nas causadas pelo MNU (Zadrazil et al., 1974).

A avaliação dos efeitos do MMS também é contraditória quando Clarkson e Mitchell (1979) afirmam, no caso das células CHO, que "ao comparar a cinética da replicação da reparação e da renovação da síntese proteica com a proporção da replicação do ADN, a redução desta proporção após o tratamento com MMS pode ser causada pela inibição da síntese proteica". Nas células humanas, Gruener e Cleaver (1981) explicam o efeito do tratamento com MMS após a exposição das células à radiação UV "pelos danos alquilantes nas enzimas de reparação". [323332Po]A tabela sobre a relação entre a frequência de quebras de cadeia simples e a solubilidade ácida do ADN, obtida a partir do efeito do MMS marcado no ADN de células E. coli B 41 (Brieteux-Gregoire et al., 1986), deverá também constituir uma ajuda valiosa para experiências prospectivas: "O ADN marcado aleatoriamente com P foi tratado com H-MMS e o ADN H-metilado foi depois aquecido a 50 C. A ocorrência de locais AP foi determinada com base no efeito do MMS marcado no ADN de células E. coli B 41. [1414]A ocorrência de sítios AP foi analisada de duas formas: pela perda de grupos C-metilados e pela fixação específica e quantitativa de C-metoxiamina nos sítios AP". [6]Isto está correlacionado com o facto bem conhecido de que "a reparação de danos no ADN causados por agentes alquilantes começa com a ação de glicosidases, que são capazes de discriminar entre algumas das bases alquiladas (por exemplo, 0-alquilguanina, 3-alquiladenina, etc.) e clivar as suas ligações glicosídicas por desoxirribose. Os locais apurínicos assim formados (ou espontaneamente) são atacados por endonucleases específicas, que clivam a ligação desoxirribofosfato vizinha, provocando assim quebras de cadeia simples. Isto reforça a ação das endonucleases e a excisão dos nucleótidos apurínicos" (Velemmsky e Gichner, 1978).

Hidrazida maleica

Utilizámos o MH como segundo mutagénio dependente de S, que é relativamente estável em comparação com o MMS e tem um efeito mais duradouro nas células tratadas. Tem sido amplamente utilizado em todo o mundo como herbicida, fungicida e regulador de crescimento na agricultura e na indústria, incluindo contra ervas daninhas com cotilédones (Cortes et al., 1985; Sykorova, 1984).

O composto foi sintetizado já em 1895 por Curtins e Fosterling e foi posteriormente classificado como estruturalmente muito semelhante à base pirimidina uracilo (Swietlinska e Zuk, 1978) ou como antagonista do uracilo (Coupland e Peel 1972). Schoene e Hoffman (1949) descreveram o efeito inibidor do crescimento do MH nas plantas e, pouco depois da introdução do MH como herbicida comercial, Darlington e McLeish (1951) foram os primeiros a descrever o seu forte efeito clastogénico nas células vegetais. Mais tarde (1953), McLeish também investigou este tópico em *V. faba*. No caso do salgueiro, Coupland e Peel (1972) concluíram que o efeito inibidor do crescimento do MH resulta principalmente da perturbação do metabolismo dos ácidos nucleicos, enquanto o MH suprime a formação de ácido úrico através do processo competitivo.

Graças à rica história experimental do mutagénio MH, frequentemente utilizado, podemos concentrar-nos nos resultados obtidos em experiências com *V. faba*, onde Kihlman (1956) sublinhou que "a proporção de aberrações induzidas pelo MH é 6 vezes superior a pH 4,7 do que a pH 7,3 e aumenta com a temperatura". [3]Também é importante para nós que Evans e Scott (1964) tenham sido os primeiros a mostrar a dependência de

S da MH em experiências autoradiográficas utilizando H-TdR e tenham chegado à conclusão de que as "aberrações descritas são o produto lógico de danos durante a duplicação cromossómica durante a fase de síntese do ADN". Mais tarde, Scott (1967) investigou o efeito de aberração da HM em função do ciclo celular, descrevendo que os resultados eram exclusivamente aberrações do tipo cromatídico. Alguns trabalhos analisaram o efeito da HM com as vantagens dos novos cariótipos de *V. faba* (Michaelis e Rieger 1963, Rieger 1973, Schubert et al. 1979), onde algumas sequências dos cromossomas foram descritas como os chamados "hot spots" e outras como menos sensíveis (Heindorff e Rieger 1984). Embora pareça que os efeitos biológicos deste mutagéneo estão agora completamente descritos, existem ainda algumas contradições. [44]Andersson (1982) afirma que "embora não saibamos se o MH causa principalmente lesões nas células vegetais, estas não foram descritas em células animais, onde o MH é inativo . Cortes et al. (1985) refere no prefácio do seu trabalho experiências em que concentrações elevadas de MH em células de mamíferos causaram SCEs in vitro. Enquanto Lobov (1971) afirma que "uma incubação de seis horas de plântulas de ervilha em 10 mM MH leva a uma inibição de 50% da síntese de ADN e de proteínas e a síntese de ARN é completamente danificada", segundo Nooden (1969) "o MH em plântulas de milho danifica a síntese de ADN mais cedo do que a de ARN, enquanto a síntese de proteínas é reduzida apenas após um tratamento prolongado". [33]Ele também afirmou (Nooden, 1969): "O MH inibe a síntese de ADN e ARN em plântulas de milho, mas tem pouco ou nenhum efeito na formação de precursores de H-timidina e H-uridina".

Angelis et al (1986) chegaram a uma conclusão interessante no que respeita à explicação do mecanismo dos efeitos biológicos do MH. No prefácio, citam Evans e Scott (1964), a "ideia geralmente aceite de que as plantas convertem especificamente o MH em metabolitos reactivos que interferem com a replicação do ADN". Após experiências de eluição de ADN alcalino e neutro e de centrifugação de ADN pré-marcado em gradiente alcalino de sacarose, concluíram que "os diferentes efeitos do MH e do MNU na fórmula de sedimentação do ADN no gradiente alcalino de sacarose se devem ao modo de ação diferente dos dois compostos... Em contraste com o MNU, o MH fragmenta o ADN apenas no tamanho do replicão. É provável que algumas (se não todas) destas excisões possam servir como sítios que iniciam uma nova replicação do ADN."

Estratégia para aumentar a capacidade de reparação do ADN

Como a importância do ADN na manutenção da integridade das células vivas se tornou cada vez mais evidente para os especialistas, alguns procuraram aumentar a capacidade de reparação do ADN, nomeadamente no homem. [44]De acordo com Karpfel (1987): "No futuro, poderemos ser capazes de alterar a sensibilidade das células eucarióticas às radiações ionizantes através da manipulação de genes, enquanto Sedliakova (1987) já propôs a inserção de genes da bactéria *Micrococcus radiodurans* em células presumivelmente afectadas (ver também Resnick 1976). Essencialmente, isto envolve a "geração artificial de células com uma maior capacidade de reparação dos danos induzidos pela radiação4 (Karpfel 1987). Karpfel observa que melhorar o sistema de reparação do ADN de uma célula através da manipulação genética é provavelmente "um objetivo distante "4 , mas acrescenta que "o trabalho deve ir nesta direção porque os resultados positivos terão um impacto de grande alcance. Esses resultados mostrariam que os sistemas de reparação não são concebidos de forma rígida para corrigir apenas os efeitos de um determinado agente nocivo". No entanto, podem existir outras formas de aumentar a capacidade de reparação das células para além desta. As experiências realizadas até à data permitem deduzir três estratégias básicas para aumentar a capacidade de reparação das células:

1. Inserção de genes - A inserção de um gene de reparação de danos no ADN no genoma do tabaco aumenta a resistência aos agentes alquilantes (Bnza et al. 1989, Satava et al. 1989).

2. Resposta adaptativa - Tal como na nossa comparação anterior da função dos mecanismos de reparação com a do sistema imunitário (Bohr e Wasserman 1988), que pode ser aumentada por doses progressivas de agentes patogénicos enfraquecidos, a capacidade de proteção do ADN pode também ser induzida nas células por condicionamento e doses desafiantes de certos agentes mutagénicos. Trata-se de um método especificamente adaptado a certos agentes mutagénicos experimentais, por exemplo, tipos específicos de agentes alquilantes que induzem resistência em *E. coli* após tratamento prolongado com baixas concentrações de MNNG (Samson e Cairns 1977, Bencova 1986, Mahmood e Vasudev 1993). As experiências realizadas com *V. faba* por Rieger et al. (1984) e Rieger e Takeshisa (1989) lançaram uma ampla luz sobre este domínio.

3. O efeito de memória - Este método é um meio possível de aumentar a capacidade de reparação das células vegetais, prolongando o tempo de reparação. Foi aplicado à cevada e trabalhado por Veleminsky e Gichner et al. de acordo com um procedimento experimental normalizado (McLennan 1987).

O terceiro e último método está no centro da nossa investigação: a utilização de *V. faba* e de dois agentes mutagénicos padrão (MH e MMS).

O efeito memória

A armazenagem como parâmetro experimental importante

O armazenamento como método experimental, particularmente adequado para as plantas, é conhecido desde 1901, quando de Vries descreveu os efeitos do armazenamento a longo prazo em sementes de Oenothera com cinco anos de idade, cuja germinação era lenta, e as alterações morfológicas que ocorriam nas plântulas. Em 1933, Navaschin encontrou uma elevada taxa de aberrações cromossómicas e uma elevada frequência de mutações nas pontas das raízes de *Crepis capillaris*, enquanto a capacidade de germinação das sementes diminuía. A teoria de que estas aberrações e mutações eram causadas por alterações celulares foi apresentada pela primeira vez nessa altura. Em 1935, Cartledge e Blakeslee publicaram os resultados de um armazenamento de 22 anos de sementes de Datura no solo; neste caso, a taxa de aberrações foi muitas vezes inferior à das sementes armazenadas em laboratório. Foi salientada a influência do teor de água, da temperatura e de outros factores sobre as sementes armazenadas no solo. Em 1941, o referido Nichols verificou que a taxa de aberrações em sementes de cebola velhas diminuía durante as primeiras divisões celulares da germinação.

À medida que os métodos de reconhecimento dos danos no ADN foram sendo aperfeiçoados, a avaliação mais exacta dos efeitos do armazenamento a longo prazo também melhorou. Um dos resultados excepcionais foi a medição de lesões espontâneas em sementes de milho após dois anos de armazenamento. Neste caso, foi dada especial atenção à presença de sítios AP (Dandoy et al. 1987). Os autores deste relatório falam de uma "competição entre a formação de sítios AP e a sua reparação nas primeiras fases da germinação. Esta formação foi sem dúvida causada pela remoção das bases de DNA glicosilases que tinham sido danificadas durante o armazenamento das sementes. O primeiro aumento no número de sítios AP também pode ser devido a DNA glicosilases que sobreviveram ao longo período de armazenamento, enquanto o segundo aumento pode ser explicado pela síntese de novas moléculas de DNA glicosilase..."

O primeiro resultado comum a todas estas experiências é que o armazenamento estimula o processo de envelhecimento; os efeitos observados são, portanto, os da "reparação do ADN como etapa normal da germinação" (Osborne et al. 1984). (Osborne et al. 1984). Mencionamos este facto porque, com base nestas experiências, surgiu uma nova forma de estudar o mecanismo de reparação - o armazenamento experimental, que provoca o "efeito de armazenamento".

Armazenamento experimental

"Todas as condições inibidoras do crescimento (baixa temperatura, privação de nutrientes, dinitrofenol, cafeína, estreptomicina, cloranfenicol) reduzem a frequência das mutações, provavelmente com a ajuda de um tempo de reparação mais longo." (Kimball 1961).

"A produtividade da reparação por excisão pode ser aumentada prolongando o tempo de reparação antes da primeira divisão celular após o tratamento. Esta é a base de dois fenómenos relacionados: a recuperação por absorção de fluidos e a fotorreactivação. Se as bactérias tratadas com UV forem mantidas num chamado meio de repouso durante um certo tempo antes de serem colocadas em pratos, as hipóteses de sobrevivência das bactérias aumentam proporcionalmente com o tempo mais longo em que são mantidas no líquido" (Auerbach 1976). E o mecanismo de retenção de líquido simula o efeito que conhecemos do armazenamento experimental. A importância da paragem do ciclo celular G1/S é também muito bem conhecida na levedura
Saccharomyces cerevisae (Siede et al. 1994). O papel principal é desempenhado pelos pontos de controlo dos danos no ADN, que são desencadeados por lesões no ADN. A ativação desta via de sinalização leva a um atraso na progressão do ciclo celular para evitar a replicação e a segregação de moléculas de ADN danificadas e para iniciar a transcrição de vários genes de reparação do ADN (Foiani et al. 2000). Num ensaio modificado em células de mamíferos, Fornace et al. (1980) verificaram que "90 % das quebras de cadeia simples induzidas por raios X eram reparadas na primeira hora, enquanto a maioria das outras quebras eram corrigidas muito mais lentamente nas cinco horas seguintes". Com base no armazenamento experimental de esperma alquilado de *Drosophila* melanogaster, Slizynska propôs uma explicação para as aberrações cromossómicas baseada na conversão de quebras latentes em quebras reais durante o armazenamento, já em 1969.

Os melhores resultados foram obtidos em tais experiências com sementes de plantas, que parecem ser perfeitamente adequadas para este tipo de experiências. De acordo com Osborne et al. (1984), "a principal evidência para a reparação de excisões após radiação e danos induzidos quimicamente baseia-se principalmente no nosso trabalho com sementes.... Os embriões de sementes fornecem um padrão de teste excecionalmente atrativo para a reparação do ADN nas plantas". Particularmente importantes são as primeiras horas de germinação, quando as sementes são imersas em água, e depois disso, durante a fase inicial da síntese semi-conservativa de ADN, o que idealmente proporciona várias horas para estudar os mecanismos de reparação do ADN livres de atividade de replicação. Ao mesmo tempo, a radiação ou a exposição a soluções de mutagénicos químicos induzem uma resposta imediata de reparação do ADN que pode ser estudada durante a "janela de tempo" antes da primeira replicação em fase S (Osborne et al. 1984).

Foram também efectuadas experiências de armazenamento em espécies vegetais como *C. capillaris. Em* 1968, Dubinin e Dubinina investigaram o destino das sementes mutagénicas ou danificadas por radiações durante o armazenamento. Descobriram um aumento das aberrações cromatídicas e cromossómicas nas sementes tratadas com etilenimina. Mirzojan et al. (1985) modificaram esta experiência, alterando o agente mutagénico (NH2) e adicionando radiação X, e descreveram apenas uma frequência flutuante de mutações estruturais durante o armazenamento, sem chegar a uma conclusão clara. Os resultados inconclusivos de ambas as experiências podem ser explicados pelo facto de, em ambos os casos, o armazenamento ter sido efectuado em condições de teor de água muito baixo (menos de 1 %), o que impede qualquer tipo de atividade enzimática nas sementes. Por outras palavras, o período de armazenamento em ambas as experiências foi simplesmente um período "morto".

Uma vez que estas experiências foram dificultadas desde o início por condições inadequadas (por exemplo, baixo teor de água) para o armazenamento de sementes, as suas experiências sobre a ativação ou inibição de processos metabólicos nas sementes são de maior interesse para nós. De acordo com Evans (1962), "o armazenamento de sementes de cevada muito secas (6% de teor de água) irradiadas com raios X acabou por resultar num aumento dos danos. Para as sementes testadas numa atmosfera com um teor de água mais elevado (16%), este efeito foi reduzido ou ausente." Na literatura que mencionámos até agora, fomos confrontados pela primeira vez com o termo "efeito de armazenamento", que descreve mais ou menos o princípio do armazenamento experimental. ^{o}Gorecki (1982) trabalhou com um teor de água de 50% e 90% a uma temperatura de 21 C em sementes de ervilha armazenadas por um período de 6 meses. Verificou-se que a perda de viabilidade das sementes ocorreu muito mais rapidamente nas experiências com sementes armazenadas a uma humidade mais elevada do que a uma humidade mais baixa.

Estamos agora a aproximar-nos do princípio do armazenamento experimental, caracterizado neste domínio de investigação por Velemmsky e Gichner et al. Este grupo de investigação aplicou diferentes teores de água para estimular a reparação do ADN (30 % de teor de água nas sementes de cevada) ou para enfraquecer estes sistemas durante o armazenamento experimental (15 %). Os resultados finais foram avaliados através da sobrevivência das plântulas, fertilidade M1, altura das plântulas M1 em crescimento, frequência de mutações de clorofila M2, aberrações cromossómicas e quebras de cadeia simples utilizando uma gama de agentes alquilantes (MMS, EMS, MNU, DES e outros).

O armazenamento experimental altera o facto do período de tempo e as suas consequências biológicas, que são intercambiáveis com o envelhecimento, para um fator experimental - "este período de não crescimento proporciona ao embrião alterações metabólicas e cria a oportunidade de a reparação do ADN ter efeito no escuro, na ausência de sínteses de replicação. Este método é semelhante, em muitos aspectos, ao método de retenção em líquido utilizado para células bacterianas ou de mamíferos irradiadas em solução e permite um período mais longo de reparação do ADN, resultando em menos aberrações cromossómicas" (Osborne et al., 1984). "A produtividade da reparação por excisão pode ser aumentada dando aos sistemas de reparação mais tempo para exercerem o seu efeito antes de ocorrer a primeira divisão celular (após o tratamento com a substância). A taxa de sobrevivência aumenta proporcionalmente ao tempo disponível para o armazenamento de fluidos" (Auerbach 1976). Desta forma, o armazenamento experimental aumenta consideravelmente o tempo de reparação antes da primeira divisão celular, de horas para dias, desde que o teor de água do armazenamento seja escolhido corretamente. Embora isto impeça o início da síntese de replicação do ADN, dá tempo para o desenvolvimento da atividade enzimática durante o período de armazenamento. O armazenamento experimental alarga assim a "janela" para estudar o mecanismo de restauração da integridade do ADN sem interromper simultaneamente as actividades replicativas como parte normal do ciclo celular (ver Osborne et al. 1984). Esta analogia com as experiências de Osborne é bastante evidente, como mostraremos mais adiante com base nos nossos resultados experimentais.

Uma terceira estratégia para aumentar a capacidade de reparação do ADN é o armazenamento experimental, que permite prolongar o tempo de reparação do ADN, eliminando os tipos de danos cuja reparação é normalmente interrompida durante a replicação inicial e fixada sob a forma de sítios AP, quebras de cadeia simples ou dupla e aberrações cromossómicas daí resultantes.

Armazenamento experimental de cevada

Dado que este trabalho segue de perto as experiências do grupo de Velemmsky e Gichner et al., é conveniente resumir a sua série de experiências excecionalmente pioneiras sobre o armazenamento da cevada. No entanto, não há aqui espaço suficiente para comentar todo o seu trabalho, que durou quase duas décadas, especialmente quando já foi feito pelo excelente trabalho de McLennan (1987). Estamos antes interessados em extrapolar a ideia que evoluiu do seu trabalho de equipa e que foi crucial para as nossas experiências seguintes.

Nas nossas primeiras experiências, tivemos de distinguir um método adequado para a nossa experiência das tentativas anteriores inconclusivas e, ao mesmo tempo, maximizar o nosso conhecimento desses esforços. O primeiro problema foi a nossa incerteza sobre a taxa de danos nas células vegetais após o tratamento com mutagénicos. Durante este período, o estudo efetivo dos efeitos dos mutagénicos (avaliados em aberrações cromossómicas) levantou a questão de saber se algumas das nossas avaliações não tinham sido confundidas pela presença de resíduos de mutagénicos. Gichner et al. lidaram com o mesmo problema (Gichner e Ehrenberg 1966, Gichner et al. 1968, Gichner e Gaul 1971). Gichner e Ehrenberg (1966) consideraram os efeitos da fase secundária após a alquilação (EMS), na qual esperavam a depuração, a rutura das ligações fosfato-deoxirribose ou a realquilação do fosfato em purinas. Em experiências posteriores (Velemmsky et al. 1973b), a depurinação e a formação de quebras nos locais depurados revelaram-se os mais importantes destes processos secundários. No mesmo relatório (Velemmsky et al. 1973b), a questão dos resíduos que não reagiram após o tratamento com mutagénicos foi finalmente esclarecida, afirmando que a teoria dos mutagénicos residuais não era adequada para explicar o "efeito de armazenamento" em comparação com os efeitos do MMS, EMS e iPMS (com alterações simultâneas na lavagem e ressecagem) e os autores apresentaram uma explicação que envolvia a possível transformação de lesões latentes (locais de alquilação) em lesões reais (quebras de cadeia) durante o armazenamento. As experiências de Gichner e Gaul (1971) já apontaram para o "efeito de armazenamento". Aqui, o significado do teor de água como um fator importante para o armazenamento experimental foi claramente trabalhado:

1. Após o armazenamento de sementes tratadas com EMS a um teor de água de 30 %, os danos biológicos na geração M1, como a frequência de mutações de clorofila M2, diminuem significativamente em comparação com o tratamento sem armazenamento.
2. Após o armazenamento de sementes tratadas com EMS a 20 % e 13 % de teor de água, os danos biológicos na geração M1 aumentaram significativamente e nenhuma das

plantas sobreviveu em ensaios de campo.

3. Com um teor de água de 5 %, os danos anteriormente observados já não se alteraram. Gichner e Velemmsky começaram a trabalhar juntos numa experiência semelhante. Como primeiro passo no caminho para um armazenamento bem sucedido, o problema do "processo de lavagem" acima mencionado tinha de ser resolvido. De acordo com Gichner et al. (1968): "Ao aumentar o tempo de pós-lavagem, os tipos mais importantes de danos biológicos - aberrações cromossómicas, altura das plântulas, sobrevivência, formação de sementes na fase M1 e a frequência M2 de mutações de cloroplastos - foram reduzidos. Quando as sementes foram novamente secas a um teor de água adequado, sem serem previamente lavadas, os danos biológicos na fase M1 e a frequência das mutações clorofilares na fase M2 aumentaram em comparação com a amostra de controlo. Estes efeitos podem ser explicados pelo facto de todos os agentes mutagénicos não hidrolisados terem sido removidos das sementes após o tratamento por lavagem. °Este problema foi resolvido noutras experiências (Gichner et al. 1972, Zadrazil et al. 1973, 1974) lavando as sementes durante 24 horas a 25 C antes de as armazenar (isto é, foram colocadas em sacos têxteis sob água em fluxo constante, na expetativa de que este processo lavasse os resíduos do mutagénio utilizado nas sementes). Nas nossas próprias experiências, utilizámos a temperatura ambiente, sem diferenças significativas nos resultados.

As variações do teor de água (Gichner et al. 1971) foram completadas no trabalho de Gichner et al. (1972), no qual o teor de água ótimo para o armazenamento a longo prazo da cevada foi fixado em 30 %. Estas experiências mostraram que a renovação da viabilidade das sementes é irreversível com este teor de água. Os trabalhos de Svachulova et al. (1973) sobre a respiração das sementes de cevada em diferentes teores de água também contribuíram significativamente para esta constatação. °Desde então, foi estabelecido que a taxa de respiração das sementes armazenadas com um teor de água de 30 % é 100 vezes superior à de 20 % (a 25 C). A diminuição da taxa de respiração das sementes após o tratamento com o mutagénio (dependendo da dose do mutagénio) levou à anulação desta inibição a um teor de água de 30%, enquanto que a um teor de água de 20% se observou uma ligeira diminuição ou nenhuma alteração. Por outras palavras, as sementes saturadas com um teor de água de 30% tornaram-se metabolicamente mais activas do que com um teor de água mais elevado, em parte por impedirem as sínteses de replicação do ADN, mas também por gerarem diretamente atividade enzimática. Noutros relatórios (Gichner et al. 1971, Veleminsky et al. 1973a, 1973b; Velemmsky et al. 1974, Gichner et al. 1975, Velemmsky et al. 1977, Gichner et al. 1977, Veleminsky e Gichner 1978) foram utilizados métodos mais sofisticados com base nas experiências anteriores. No trabalho de Gichner et al. (1971), a escala de avaliação dos danos foi consideravelmente alargada, tendo em conta as quebras de cadeia simples induzidas pelo mutagénio. Veleminsky et al. (1973a) identificaram os sítios SSB e/ou AP como a causa das lesões principalmente responsáveis por tipos reparáveis de danos genéticos (durante um armazenamento experimental de duas semanas de sementes de cevada tratadas com MNU a 30 % de teor de água). Veleminsky et al. concluíram em 1977, com base em descobertas anteriores, que os "dados servem como prova completa de que as células das plantas superiores são enzimaticamente capazes de síntese de reparação" e sublinham também que esta foi a primeira demonstração de mecanismos de reparação induzidos por mutagénios em células vegetais. Os dados sobre a presença de endonucleases nas sementes de cevada e o seu papel na reparação do ADN, também obtidos através desta investigação, contribuíram significativamente para esta conclusão. Veleminsky et al.

(1977) e Svachulova et al. (1978) descreveram noutro local o isolamento e a descrição parcial da endonuclease específica para os sítios AP. Esta enzima é altamente ativa no ADN parcialmente depurado, enquanto a sua atividade é baixa ou ausente no ADN intacto ou alquilado (Veleminsky et al. 1977). Verificou-se também que, em concentrações mais baixas, a endonuclease é específica para o ADN que contém sítios AP, ao passo que, em concentrações mais elevadas, degrada o ADN de forma não específica (Svachulova et al. 1978). De particular interesse para nós é o facto de estas endonucleases diferirem das encontradas em sementes de feijão, que têm apenas metade do peso molecular da anterior e são capazes de clivar parcialmente ADN intacto (Veleminsky e Gichner 1978). No entanto, estes resultados encorajadores não foram suficientes para provar a presença da enzima O6-alquilguanina-DNA-alquiltransferase noutras espécies vegetais (cf. Veleminsky e Angelis 1990). Uma vez que o princípio do armazenamento experimental se baseava originalmente na comparação dos resultados obtidos durante a "janela" (como descrito por Osborne et al. 1984) com os resultados observados sem armazenamento, bem como em condições pós-armazenamento, não podíamos dar-nos ao luxo de ignorar esta parte importante da experiência (Fousova et al. 1974, Gichner e Velemmsky 1977, Gichner e Velemmsky 1979). A capacidade de estudar a síntese de ADN nas fases iniciais da germinação (Fousova et al. 1974) e a recuperação de danos nos cromossomas antes da replicação (Gichner e Velemmsky 1979) faz do armazenamento experimental o melhor método para estudar o processo de reparação do ADN. Ao prolongar a fase crítica G1, podemos também observar livremente a mudança de aberrações cromatídicas para aberrações cromossómicas durante o armazenamento (Gichner e Velemmsky 1977). ^{1414}Os agentes mutagénicos mais utilizados foram o MNU e o MMS, mas os autores também utilizaram C MNU radiomarcado (Velemmsky et al. 1972, Zadrazil et al. 1974) e C MMS (Velemmsky et al. 1973a, Zadrazil et al. 1974). Quando as quantidades de mutagénios marcados eram insuficientes, adicionava-se MMS não marcado para obter a concentração desejada (Velemmsky et al. 1973a). Nestas experiências, foi investigado o destino de certas bases (especialmente a 7-metilguanina) durante o tratamento com agentes alquilantes. ^{14}Velemmsky et al. (1972) verificaram uma alquilação muito mais forte dos ácidos nucleicos do que dos lípidos e proteínas em embriões de cevada tratados com C MNU. A uma concentração que inibiu o crescimento das plântulas em 50 %, 0,27 % da guanina do ADN foi metilada em N-7-metilguanina. ^{6}Tal como na alquilação do ADN da cevada, a presença de 3-metiladenina e O-metilguanina foi detectada in vitro por cromatografia. ^{1414}Durante a imersão de 24 horas de sementes tratadas com C MNU e C MMS, Zadrazil et al. (1974) registaram um teor mais elevado de metilguanina do ADN e a alquilação completa do ADN, ARN e proteínas nas células. ^{14}Em sementes tratadas com C MNU e imersas por um curto período de tempo, a re-secagem a 30 % ou 15 % também levou a um aumento da alquilação. Durante o armazenamento experimental, os autores (Velemmsky et al. 1973a) concluíram que "a quantidade de N-7-metilguanina no ADN não foi afetada por este tipo de armazenamento das sementes; além disso, é óbvio que a excisão desta base não faz parte do mecanismo de reparação. As alterações na alquilação de proteínas, lípidos e ARN observadas após o armazenamento das sementes não têm qualquer efeito no processo de reparação". Como confirmado no seu trabalho seguinte (Velemmsky et al. 1973b), embora a frequência de quebras de cadeia simples ou sítios AP tenha aumentado significativamente no ADN de sementes tratadas com MMS e EMS armazenadas experimentalmente, muitos sítios de alquilação, especialmente a 7-metilguanina, foram detectados em concentrações mais baixas. Os autores concluíram que tal poderia dever-se à depuração ou a quebras na estrutura do ADN durante o armazenamento, responsáveis pela maior taxa de efeitos tóxicos e genéticos.

Também é interessante uma série de experiências de armazenamento efectuadas com agentes como a cafeína (Gichner e Veleminsky 1974, Velemmsky et al. 1975) e a azida de sódio (Gichner et al. 1975). No entanto, Gichner e Velemmsky (1974) concluíram que, embora o pós-tratamento com cafeína tenha tido um efeito importante na germinação M1 induzida por EMS e no crescimento M1 das plântulas, não teve efeito na infertilidade induzida por EMS ou na frequência de mutações de clorofila M2. O tratamento retrospetivo com cafeína (após a exposição ao mutagénio) também não tem efeito sobre os efeitos benéficos do armazenamento ao nível dos danos genéticos induzidos pelo EMS. Posteriormente, Veleminsky et al. (1975) relataram que quantidades mais elevadas de mutagénico (MNU, MMS, EMS) induziram a redução da germinação e do crescimento de plântulas obtidas após uma dose não tóxica de cafeína (que provoca quebras de cadeia simples quando utilizada isoladamente), mas que estas adições não impediram a recuperação dos danos. Gichner et al (1975) também descrevem os resultados negativos da introdução de azida de sódio na experiência de armazenamento. No seu trabalho sobre a reparação do ADN em plantas superiores danificadas por mutagénicos (Veleminsky e Gichner 1978), os autores tiram conclusões destes resultados: "A reparação do ADN das plantas danificado por agentes alquilantes foi estudada principalmente por um grupo do Instituto de Botânica Experimental de Praga... Foram encontradas quebras de cadeia simples no ADN isolado de embriões de cevada após tratamento de sementes secas ou embebidas com alguns agentes alquilantes (MMS, EMS, iPMS, DES e MNU). As quebras foram caracterizadas por análise de sedimentação num gradiente de sacarose e ensaio espetrométrico do ADN isolado. O comprimento do ADN desnaturado aumentou com a diminuição da dose. A forma e o ângulo do gráfico que exprime esta dependência são idênticos ao gráfico da frequência dose-dependente das aberrações cromossómicas analisadas em raízes de cevada... A extensão da reparação depende principalmente da dose do mutagénio e do teor de água da armazenagem. °Por exemplo, o tratamento com 8 mM MNU (5 h) e o armazenamento a 30 % de teor de água a 25 C resultaram numa capacidade de reparação de cerca de 2 % de quebras de cadeia simples por dia, enquanto a quantidade de 2,5 mM nas mesmas condições resultou em 6 % por dia. As sementes mostraram uma atividade enzimática relativamente elevada no ciclo respiratório durante o armazenamento, mas não germinaram e não houve síntese de ADN semiconservativa. Assim, a reparação precedeu a síntese de ADN.Com base nesta rica informação, decidimos iniciar as nossas experiências não só para testar o armazenamento experimental noutras espécies de plantas, mas também para expandir o nosso conhecimento através de novos métodos para avaliar os danos causados pelos mutagénicos e a sua subsequente reparação. Escolhemos a fava (*V. faba)* como modelo experimental porque é uma planta dicotiledónea, em contraste com a cevada monocotiledónea (*Hordeum vulgare)* utilizada nas experiências de Velemmsky e Gichner et al. Embora a fava seja uma espécie experimental muito utilizada, a nossa escolha abriu uma nova porta que oferece a possibilidade de obter novos conhecimentos. Os únicos trabalhos conhecidos neste domínio são a tese de diploma de Sykorova (1984) e os resultados não publicados de Heindorff de Gatersleben (Alemanha), que foram úteis nas nossas tentativas de localizar aberrações cromossómicas durante o armazenamento experimental. Ambas as experiências são comentadas no capítulo da presente monografia sobre aberrações cromossómicas em sementes *de V. faba* danificadas por agentes alquilantes.

Capítulo 2 Introdução às experiências

O armazenamento experimental de sementes de plantas é o único método conhecido para aumentar a capacidade de reparação das células danificadas por mutagénicos através de um processo fisiológico direto. De acordo com Brunori (1967) e Jakob e Bovey (1969), aproximadamente 73-96 % das células dormentes da radícula de *V. faba estão* na fase G-1, o que é devido a um conteúdo reduzido de água no embrião em desenvolvimento. Quando o teor de água desce para 75 % ou menos, a síntese de ADN é interrompida, enquanto que a 65 % ou menos o ciclo mitótico é também interrompido (Brunori 1967). Pode presumir-se que a desidratação a 50% das sementes saturadas de *V. faba* prolonga *a* fase G-1 das células de *V. faba.* Esta condição prolonga artificialmente o período entre o tratamento mutagénico e o início da replicação do ADN de horas para dias, uma condição favorável para a recuperação do ADN dos danos induzidos pelo mutagénio antes da replicação. Este pressuposto foi confirmado em experiências realizadas por Velemmsky, Gichner e seus colaboradores com *H. vulgare* em termos de aberrações cromatídicas (CAs), quebras de cadeia simples (SSBs), sobrevivência M1, formação de sementes M1 e frequência de mutações de clorofila M2 (para uma revisão desta experiência, ver McLennan 1988). A reparação de danos SSB causados por agentes alquilantes em células vegetais foi descrita pela primeira vez por Velemmsky et al. (1972). O nosso objetivo era alargar os resultados desta experiência a outras espécies, tais como *V.*
faba L. e explorar novas formas de avaliação do armazenamento como método experimental, observando os seus efeitos a diferentes níveis e diferentes formas de avaliação do processo de reparação do ADN:

1. Quebras de cadeia dupla do ADN induzidas por metanossulfonato de metilo
2. Aberrações cromossómicas após tratamento com um mutagénio não alquilante (hidrazida de ácido maleico)
3. Aberrações cromossómicas após tratamento com um mutagénio alquilante (MMS)
4. Padrão de distribuição de danos induzidos em localizações cromossómicas específicas
5. Efeitos do armazenamento ao nível da troca de cromátides irmãs (SCE)
6. Ocorrência de síntese de ADN não programada
7. Efeitos sobre o envelhecimento (possível rejuvenescimento)

Quebras de cadeia dupla do ADN induzidas por metanossulfonato de metilo

Pensa-se que as quebras de cadeia dupla (DSB) desempenham um papel fundamental nas aberrações cromossómicas. De todas as formas de danos no ADN, as quebras de cadeia dupla (DSB) são potencialmente as mais problemáticas, uma vez que podem conduzir a cromossomas partidos ou reestruturados, à morte celular ou ao cancro (Natarajan et al. 1980, Bryant 1984, Rathmell e Chu 1998). Foi estabelecida uma ligação entre a indução de DSBs no ADN animal e o desenvolvimento de aberrações cromossómicas e morte celular (Natarajan et al. 1980, Bryant 1984, Radford 1985). Nas plantas, o tratamento de raízes em crescimento de *V. faba* com metanossulfonato de metilo (MMS) provoca danos consideráveis no ADN, que se manifestam por aberrações cromossómicas, uma menor percentagem de germinação e uma redução do comprimento médio das raízes (Munn 1990). A nossa hipótese é que estas condições, ou seja, a inibição e o atraso da replicação do ADN, são favoráveis à reparação de DSBs. Por exemplo, foram observadas DSBs mediadas pela reparação do ADN em leveduras após tratamento com MMS (para uma revisão desta experiência, ver Velemmsky e Gichner 1982).

As DSBs são causadas por uma variedade de agentes exógenos. A radiação ionizante pode gerar DSBs diretamente. Em alternativa, a radiação ionizante pode também gerar DSBs indiretamente através de radicais livres oxidantes, que podem causar danos nas bases ou a rutura de uma ligação fosfodiéster ou de um anel de ribose, resultando numa quebra da cadeia de ADN. Uma DSB resulta então de duas quebras de cadeia simples estreitamente espaçadas. Alguns fármacos antitumorais também produzem radicais livres oxidativos e causam um espetro semelhante de danos no ADN. As DSB são também causadas por processos celulares endógenos. O metabolismo oxidativo gera radicais livres oxidativos que causam quebras de cadeia, tal como descrito acima (Rathmell e Chu 1998).

A nossa hipótese é que, nas sementes tratadas com MMS, as DSBs são reparadas pelo mesmo mecanismo que é observado na reparação de quebras induzidas por radiação ionizante (Resnick 1976). Embora estas células sejam defeituosas na reparação de DSBs por ensaios físicos (PFGE, eluição neutra, etc.), mostram um aumento da reparação aberrante de cromossomas quebrados. Este facto sugere a existência de um mecanismo independente da ADN-PK para a reconstituição das extremidades dos cromossomas quebrados (Jeggo, 1998a, Gorbunova e Levy 1999). Surpreendentemente, os padrões de formação de aberrações observados nas células xrs e AT são notavelmente semelhantes, apesar da diferença fundamental na base da sua radiossensibilidade (Darroudi e Natarajan 1987). Assim, parece que o aumento dos níveis de DSBs na mitose, que presumivelmente pode resultar quer de uma reparação defeituosa quer de uma paragem defeituosa do ciclo celular, pode levar a um aumento da troca de cromossomas (Jeggo 1998b).

Em plantas, Angelis et al. (1989) registaram os diferentes efeitos do tratamento com N-metil-N-nitrosoureia (MNU) e bleomicina em embriões de *V. faba* cultivados in vitro. Enquanto um período de incubação de 4 horas após a exposição a 2,5 mM de MNU produziu uma quantidade 1,2 vezes superior de DSB, a bleomicina foi seguida de reparação do ADN em todas as concentrações testadas (5, 10, 20 e 50 ^g/ml). Os resultados obtidos pelo tratamento com bleomicina podem indicar a capacidade das plantas para tolerar e contornar os danos no ADN.

Cada uma das nossas experiências foi realizada para determinar se os resultados observados com o tratamento com bleomicina podiam ser confirmados quando as raízes nascentes de *V. faba* eram tratadas com o agente alquilante MMS. A indução da atividade de reparação do ADN após 24 horas de recuperação era esperada nestas condições.

Aberrações cromossómicas após tratamento com um mutagénio não alquilante (hidrazida de ácido maleico)

De acordo com Jeggo (1998a), as estruturas cromossómicas aberrantes observadas ao microscópio podem ser divididas em duas classes: As aberrações cromossómicas, em que ambas as cromátides estão danificadas, e as aberrações cromatídicas, em que apenas um dos pares de cromátides está afetado. As aberrações cromossómicas incluem estruturas como quebras cromossómicas, cromossomas em anel e cromossomas dicêntricos. Exemplos de aberrações cromatídicas são as lacunas e quebras cromatídicas, bem como aberrações de troca, como os triradiais (Savage 1975). As células que são irradiadas com Diferentes fases do ciclo celular resultam num padrão diferente de aberrações cromossómicas ou cromatídicas, e as células xrs, que têm sido estudadas mais extensivamente quanto à formação de aberrações, resultam numa frequência aumentada de aberrações e num padrão diferente de formação de aberrações cromossómicas ou cromatídicas em comparação com as células parentais (Darroudi e Natarajan 1987, Kemp e Jeggo 1986). Estas diferenças incluem a formação de aberrações cromatídicas e cromossómicas após irradiação na fase G1 em células xrs, enquanto que apenas ocorrem aberrações cromossómicas em células parentais irradiadas na fase G1. Uma observação importante resultante da análise dos cromossomas metafásicos é que as células xrs e scid não só apresentam um aumento da frequência de lacunas e quebras cromossómicas e cromatídicas, indicando DSBs não ligadas, mas também apresentam um aumento de dicentros, cromossomas em anel e aberrações do tipo troca (Darroudi e Natarajan 1987, Disney et al. 1992, Kemp e Jeggo 1986).

Nas nossas experiências, as sementes de *V. faba* foram tratadas com hidrazida maleica (MH) e armazenadas com um teor de água de 50 % durante 0, 14 e 28 dias. Este teor de água, que prolonga o período entre a exposição mutagénica e o início da síntese de ADN, favorece a reparação do ADN, resultando numa diminuição da frequência das aberrações cromossómicas. São discutidas as alterações nos tipos de aberrações cromossómicas durante o armazenamento.

A utilização de MH como mutagénico em experiências com plantas está bem documentada (Evans e Scott 1964, Kihlman 1956, Rieger 1973, Mateos et al. 1989, Munn 1990), mas os resultados das experiências de armazenamento ainda não foram publicados, embora os estudos de Sykorova (1984) e os de Heindorff com Gichner (não publicados) tenham fornecido perspectivas valiosas para a nossa investigação.

Aberrações cromossómicas após tratamento com um mutagénio alquilante (MMS)

Segundo Cornforth (1990), praticamente todos os agentes capazes de provocar aberrações estruturais (clastogénios) são simultaneamente mutagénicos e carcinogénicos; inversamente, a grande maioria dos agentes carcinogénicos são também clastogénicos. Os rearranjos cromossómicos são uma caraterística das células cancerosas, e vários cancros estão associados a anomalias cromossómicas muito específicas (Mitelman 1991, Solomon et al. 1991). A formação constante de aberrações reflecte a instabilidade genómica associada ao desenvolvimento neoplásico (Rabbitts 1994, Solomon et al. 1991, Tlsty et al. 1993), e foi postulada como um mecanismo para explicar alguns tipos de amplificação genética (Morgan et al. 1996, Windle e Wahl 1992). Finalmente, certos tipos de aberrações matam as células com uma eficácia notável (Cornforth e Bedford 1987, Dewey et al. 1971, Revell 1983), uma propriedade fundamental para a terapia do cancro mas também relevante para os mecanismos da mutagénese.

Podemos utilizar a radiação ionizante (IR) como exemplo de um agente causador de danos. As IR esparsas, como os raios X e os raios Y, depositam a sua energia nas estruturas celulares através de eventos discretos de ionização que são essencialmente distribuídos aleatoriamente no espaço. Do ponto de vista do experimentador, há uma série de vantagens que decorrem (ou estão associadas) a este comportamento. Estas incluem a capacidade de definir o conceito de dose absorvida e de estimar as dimensões dos locais celulares críticos (ou seja, o tamanho do alvo). A IR é geralmente muito penetrante e produz danos que não são influenciados pelo tipo de estruturas subcelulares que afectam a difusão de agentes químicos. Os processos físico-químicos associados à absorção dos fotões e às ionizações que se produzem ao longo das vias rápidas de electrões assim geradas completam-se em poucos microssegundos. No contexto dos processos de reparação celular, o dano inicial causado pela radiação pode, portanto, ser considerado essencialmente instantâneo, o que confere ao início do dano um carácter "on/off". Por último, o espaçamento das ionizações ao longo das trajectórias das partículas carregadas (ou seja, a transferência linear de energia ou LET) pode ser manipulado em várias ordens de grandeza, o que permite utilizar a IV como "sonda biofísica" da estrutura celular.

A análise microscópica real dos cromossomas só é possível durante a mitose, sendo a análise citogenética geralmente limitada às células na primeira mitose pós-irradiação após a exposição a um agente potencialmente clastogénico. Com raras excepções, a IR não provoca aberrações cromossómicas em células irradiadas e analisadas na mesma mitose. As aberrações observadas na metáfase representam, portanto, a manifestação de danos na célula que foram registados na interfase anterior. Com a possível exceção das aberrações encontradas nas células irradiadas durante a fase G2, o intervalo de tempo entre a irradiação e a análise na metáfase é significativo em comparação com a cinética da reparação dos danos no ADN. Por conseguinte, a análise dos cromossomas metafásicos é essencialmente uma medida dos danos residuais que permanecem apesar (ou por causa) dos mecanismos de reparação para remover as lesões originais.

Quando células normais em G1 são irradiadas com IR, as primeiras mitoses após a irradiação conduzem exclusivamente a aberrações cromossómicas. Estas são caracterizadas como lesões que afectam ambas as cromátides irmãs no mesmo local. No entanto, uma exposição semelhante das células S ou G2 conduz a aberrações de uma classe diferente. Os chamados tipos cromatídicos apresentam alterações que afectam apenas uma cromátide do cromossoma num local específico. A IR partilha esta propriedade com apenas alguns agentes químicos. Em contrapartida, a radiação UV, tal como a grande maioria dos clastogénios químicos, provoca aberrações cromatídicas nas células expostas durante G1 (Bender et al. 1974).

O termo "restituição" descreve a situação em que as extremidades quebradas de um cromossoma se voltam a ligar; neste caso, fala-se de uma reunião ou reparação da quebra, e não ocorre qualquer aberração estrutural. É claro que a restituição não garante a fidelidade da reparação ao nível dos nucleótidos. No entanto, uma vez que serve para restaurar as relações de ligação originais, a restituição (pelo menos ao nível citogenético) pode ser equiparada à reparação. É fundamental reconhecer que a maior parte das aberrações se manifesta sob a forma de trocas que representam recombinações não autorizadas entre cromossomas diferentes ou entre sítios diferentes do mesmo cromossoma. As quebras cromossómicas não reparadas, que conduzem a deleções terminais, constituem uma proporção relativamente pequena do total de aberrações. O termo "reparação incorrecta" é aqui utilizado para descrever os eventos de troca. Numa primeira aproximação, as restantes lesões, que podem ser vistas como aberrações na metafase, reflectem, portanto, uma reparação incorrecta e não danos não reparados.

A maioria dos investigadores supõe que a recombinação, que conduz a processos de troca, tem lugar entre dois ou mais sítios danificados, o que explica as relações características dose-resposta observadas com radiações de diferentes densidades de ionização. No caso dos raios X pouco ionizantes e dos raios Y, as doses moderadas a elevadas conduzem a uma resposta curva ascendente, ao passo que os raios densamente ionizantes, como as partículas A, produzem aberrações que aumentam linearmente e de forma mais acentuada com a dose. Além disso, as exposições de dose dividida ou de taxa de dose reduzida conduzem a uma redução significativa da produção de aberrações para IR esparso, mas não para IR denso. A explicação "clássica" para estes fenómenos é que os locais danificados (por exemplo, em cromossomas diferentes) devem estar próximos uns dos outros, tanto temporal como espacialmente, para que ocorra a interação entre pares (recombinação). A componente espacial desta interação está relacionada com a estrutura orbital das partículas carregadas que causam os danos, enquanto a componente temporal é influenciada pela remoção (reparação) dos locais danificados antes de poderem participar na recombinação ilegítima (Cornforth e Bedford 1993).

Este ponto de vista é consistente com a grande maioria dos dados radiobiológicos, incluindo experiências realizadas especificamente para testar a sua validade (Cornforth 1989, 1990; Cornforth et al. 1989, Geard 1985). No entanto, com base em considerações biofísicas, alguns estudos sugeriram que a troca de cromossomas pode resultar da interação de um local danificado num cromossoma com um local não danificado noutro cromossoma (Griffin et al. 1995, 1996; Leenhouts e Chadwick 1978, Thacker et al. 1986). A análise molecular da recombinação (por exemplo, Kucherlapati et al. 1984, Thomas et al. 1986) ou os modelos de recombinação da reparação do ADN (Resnick e Moore 1979) em células de mamíferos (Sancar 1996, Wood 1996) constituem um apoio adicional a este mecanismo de formação de permuta "one-hit". Por conseguinte, mesmo a este nível fundamental, existe desacordo entre os investigadores.

Os primeiros investigadores (Sax 1938, 1939; Lea 1955) desenvolveram o conceito de que a radiação produz uma "quebra cromossómica" aberta como uma lesão inicial cujas extremidades quebradas podem fundir-se com as de outra quebra, se ambas estiverem próximas no tempo e no espaço. A visão mais amplamente difundida sobre a identidade dessa lesão inicial "precursora" não mudou desde então. O dogma atual sustenta que as quebras cromossómicas resultam de quebras da dupla cadeia de ADN (DSB) e que cada DSB é gerada pela passagem de uma única pista de partículas carregadas. Embora este ponto de vista seja apoiado por muitas provas indirectas, não é inteiramente conclusivo (Cornforth 1990).

As nossas experiências centradas na relação entre as CAs e a síntese de reparação do ADN após danos no ADN induzidos pela hidrazida maleica tinham mostrado em pormenor os efeitos de armazenamento (Munn 1993). Uma vez que a hidrazida maleica é um mutagéneo vegetal conhecido, quisemos determinar se o efeito de armazenamento era um fenómeno geral ou um padrão consistente entre outros tipos de mutagéneos, particularmente agentes alquilantes. As sementes *de V. faba* foram tratadas com metanossulfonato de metilo (MMS) e armazenadas com um teor de água de 50% durante 0, 14 e 28 dias. Este teor de água prolongou o tempo entre a exposição mutagénica e o início da síntese de ADN. O armazenamento das sementes após o tratamento mutagénico com o teor de água selecionado levou a uma diminuição significativa dos danos no ADN, o que se reflectiu numa redução da frequência das aberrações cromossómicas.

Distribuição dos danos induzidos em sítios cromossómicos específicos

O presente estudo descreve a distribuição intracromossómica não aleatória de ACs induzida pelo tratamento com MH e as alterações no padrão de distribuição de ACs durante o armazenamento. Verificámos que o carácter "hot-spot" de segmentos cromossómicos específicos do cariótipo ACB depende da sua posição em cariótipos reconstruídos de forma diferente, ou seja, pode ser influenciado por uma transposição adequada de segmentos (Rieger e Michaelis 1972). Notámos com interesse que o padrão de distribuição intracromossómica das aberrações cromatídicas induzidas pela N-metil-N-nitrosoureia se assemelhava aos padrões observados após tratamento com TEM ou outros agentes alquilantes (Rieger et al., 1973). Por outro lado, a irradiação com raios X resultou em "pontos quentes" com transparência significativamente menor (Rieger et al.

1977). Enquanto os clastogénios do tipo não retardado levaram a uma acumulação menos pronunciada de aberrações em potenciais segmentos "hot spot", os clastogénios dependentes da fase S, como a hidrazida maleica, produziram uma expressividade mais pronunciada e específica do mutagénio de "hot spots" de aberrações (Schubert et al., 1986). Na maioria dos casos, os segmentos que provaram ser potenciais pontos quentes de aberração continham heterocromatina (Rieger et al. 1977). Para as nossas experiências, foi decisiva a observação de Schubert et al. (1985) de que as aberrações específicas de MH, que se agrupam no segmento 4, estão associadas a um elevado envolvimento deste segmento em quebras de isocromatídeos.

Ocorrência de síntese de ADN não programada/reparativa

Krupnova e Zhestyanikov (1977) e Kuglik (1988) utilizaram microautoradiografia para determinar a ocorrência de UDS após radiação gama em meristemas radiculares de *V. faba*. O objetivo destas experiências era determinar (i) se a UDS também ocorre nas raízes primárias de *V. faba* quando tratadas com o agente não alquilante MH e o agente alquilante MMS, e (ii) se a recuperação de danos cromossómicos induzidos por MH e MMS em embriões de sementes de *V.* faba armazenadas a 50% de teor de água também é acompanhada por UDS.

Efeitos sobre o envelhecimento (possível rejuvenescimento)

As tentativas de resolver a questão do envelhecimento são atualmente dedicadas sobretudo ao estudo da instabilidade do aparelho genético da célula (cf. Kirkwood 1988, Cinader 1989, Slagboom e Vijg 1989, Kirkland 1989). A interdependência entre a idade da semente e o aumento da mutagenicidade nas plantas (cf. estudos de Munn A. 1961, Munn G. 1988a,b, Gunther 1978) é geralmente conhecida. Por conseguinte, Osborne et al. (1984) consideram as sementes como um sistema excecionalmente atrativo para estudar a reparação dos danos no ADN durante o processo de envelhecimento.

Navaschin (1933) foi o primeiro a observar a relação particular entre a idade das sementes e a frequência de aberrações cromossómicas nas pontas das raízes em germinação. Desde então, numerosos estudos têm-se debruçado sobre este problema. As observações básicas sobre várias espécies de plantas (Schwarnikov e Navaschin 1934, Navaschin e Gerassimova 1940, Stube 1935, Nichols 1941, 1942; D'Amato 1948, 1951) foram mais tarde complementadas por tentativas de estabelecer uma ligação entre o envelhecimento das sementes e a forma como são armazenadas (Cartledge e Blakeslee 1935, Avanzi et al. 1969), a sensibilidade aos produtos químicos (Nilan e Gunthard 1956, Michailov e Korytova 1971, Dubinina 1971) e as diferenças de sensibilidade dos embriões e do endosperma transplantados (Corsi e Avanzi 1969, Floris e Anguillesi 1974). Gichner e Velemmsky (1971, 1973) obtiveram resultados interessantes sobre os efeitos de diferentes graus de humidade nas sementes armazenadas durante a reparação das células vegetais e sobre os efeitos correspondentes dos agentes alquilantes.

Foram também realizadas experiências sobre o efeito de extractos de sementes de diferentes idades em sementes mais jovens (Marquart 1949, Mota 1952, Scarascia e Scarascia-venezia 1954, Kato 1957, Munn 1961). Cebrat (1977) tentou explicar a relação direta observada entre a ocorrência de aberrações cromossómicas e a velocidade de crescimento radicular pela morte de células e plântulas com um elevado número de aberrações. Anteriormente, D'Amato (1964) havia estabelecido claramente que a senescência é uma função de alterações genéticas. No entanto, tendo em conta os resultados de estudos posteriores sobre o envelhecimento das sementes, concluiu que o aumento do número de mutações espontâneas nas sementes mais velhas é uma consequência e não a causa do envelhecimento. Dubinin et al. (1965) concluíram que, durante a germinação das sementes mais velhas, os produtos mutagénicos naturais do metabolismo celular produzem novos arranjos cromossómicos de tipo cromatídico e cromossómico. Da mesma forma, Innocenti e Avanzi (1971) verificaram, nas suas experiências com sementes de trigo, que as mutações observadas durante a germinação se devem à presença de metabolitos mutagénicos. É também de salientar que, aparentemente, não há provas de que qualquer tipo de dano ao aparelho genético seja de importância decisiva para o envelhecimento (Strehler, 1972). Ahlert (1971), na sua crítica à teoria das mutações somáticas em espécies animais, conclui que "a ocorrência mais frequente de anomalias cromossómicas na velhice é uma consequência e não uma causa do envelhecimento". As discussões analíticas sobre as causas do envelhecimento (Failla 1958, Szilard 1959, Strehler 1959, Maynard-Smith 1959, 1962, D'Amato 1964) constituíram a base para a nossa reflexão sobre este processo biológico complexo e importante.O envelhecimento das sementes tem sido objeto de investigação experimental há mais de meio século. Um dos principais objectivos desta investigação tem sido a elucidação do processo geral de envelhecimento. O objetivo do nosso estudo era obter mais informações sobre o envelhecimento através da experimentação com sementes *de V. faba L.* e, em particular, aprender mais sobre os danos resultantes na estrutura dos cromossomas e na sua reprodução. Uma vez que dispomos *de* sementes de V. *faba* em abundância, o nosso laboratório dispõe de recursos ideais para o estudo experimental da senescência.Observámos alterações significativas na germinação e no crescimento radicular das sementes mais velhas, bem como uma menor taxa de danos nos cromossomas. Floris e Anguillesi (1974) relataram que a redução da atividade de enzimas como a catalase, peroxidase, citocromo oxidase e descarboxilase ocorre nas sementes durante o envelhecimento. A perda da capacidade de síntese de proteínas e o aumento da permeabilidade das membranas também foram observados por outros investigadores durante a germinação de sementes mais velhas, levando a uma redução do teor de açúcar e de outros metabolitos. A produção de voláteis orgânicos importantes, como o etanol e o acetaldeído durante a embebição, também varia muito em função da idade das sementes (Gorecki et al. 1992).De acordo com Roos (1989), quatro factores devem ser tidos em conta durante o armazenamento das sementes: Tempo, temperatura, humidade relativa (humidade das sementes) e teor de oxigénio. Com exceção das espécies recalcitrantes, dois factores - o tempo e o teor de oxigénio - têm pouco efeito sobre a capacidade de armazenamento se forem mantidos o teor de humidade e as temperaturas de armazenamento ideais. Roberts e Ellis (1977), por exemplo, previram uma taxa de sobrevivência de 95% das sementes de ervilha (*Pisum sativum* L.) após 1090 anos de armazenamento a -20°C e 5% de humidade das sementes. Se a temperatura de armazenamento for reduzida ainda mais, a viabilidade pode ser prolongada indefinidamente. As tentativas de prolongar a viabilidade das sementes durante o armazenamento centraram-se na utilização de azoto líquido (LN2) como meio de armazenamento a uma temperatura de -196°C. A esta temperatura, toda a atividade bioquímica é presumivelmente reduzida a quase zero.

Deste modo, as alterações prejudiciais acima referidas devem ser eliminadas. De acordo com Babasaheb (2004), o teor de humidade durante a armazenagem das sementes deve ser inferior a 8 %.

Em 1981, King et al. relataram que a sobrevivência de sementes de limão (*Citrus limon* L.), lima (*C. aurantifolia* Swing.) e laranja (*C. aurantium* L.) foi estudada numa vasta gama de teores de humidade e temperaturas constantes. A longevidade das sementes foi aumentada pela redução do teor de humidade e da temperatura no ambiente de armazenamento. A viabilidade máxima foi obtida numa combinação de condições de armazenamento, incluindo o teor de humidade mais baixo (5 %) e a temperatura mais baixa (-20 °C). Foi salientado que o armazenamento a seco de sementes de citrinos é prático para a preservação genética.

Bonner (1990) apresenta uma classificação das sementes armazenadas em quatro classes de características de armazenamento: As sementes "ortodoxas verdadeiras" podem ser armazenadas por longos períodos com um teor de humidade de 5-10% e temperaturas abaixo de zero; as sementes "sub-ortodoxas" podem ser armazenadas nas mesmas condições, mas apenas por períodos mais curtos devido ao elevado teor de lípidos ou à fina camada de sementes; as sementes "recalcitrantes temperadas" não podem ser secas, mas podem ser armazenadas durante 3 a 5 anos a temperaturas próximas do ponto de congelação; e as sementes "recalcitrantes tropicais" também não podem ser secas e morrem a temperaturas inferiores a 10-15 °C."Grilli et al. (1995) descreveram o conteúdo de poli(A)polimerase como um marcador significativo da viabilidade das sementes durante o seu armazenamento a longo prazo. A produção dos voláteis orgânicos mais importantes, etanol e acetaldeído, durante a imbibição também depende fortemente do armazenamento a longo prazo das sementes (Gorecki et al. 1992). Murthy et al. (2002) identificaram duas reacções bioquímicas primárias responsáveis pela deterioração do vigor das sementes durante o armazenamento a longo prazo: A peroxidação dos lípidos e a glicosilação não enzimática das proteínas, que reduz os açúcares. A análise PCR efectuada por Chwedorzewska et al. (2002) levou os autores a concluir que o armazenamento prolongado das sementes, que conduz à perda de viabilidade, provoca também alterações hereditárias no germoplasma conservado. Por outro lado, a atividade antioxidante em sementes armazenadas sob diferentes condições (temperatura e w.c.) não está relacionada com a viabilidade das sementes (Merritt et al. 2003). No entanto, Andreev et al. (2004) verificaram que a perda da capacidade germinativa durante o armazenamento de sementes de centeio estava associada a uma redução da excisão dos domínios das alças da cromatina. Como Patrick e Stoddard (2010) afirmaram, "o grande tamanho das sementes de feijão comum fez desta espécie um modelo para estudos sobre a fisiologia molecular do desenvolvimento de sementes. "

Nas nossas experiências, encontrámos uma grande variabilidade entre os sinais individuais de senescência das sementes de *V.* faba, bem como os efeitos da senescência na replicação de defeitos estruturais dos cromossomas. O tempo entre o início da imersão da semente e o primeiro sinal de replicação semiconservativa do DNA nos espermatozóides é importante para a viabilidade de sementes velhas (Osborne et al., 1984). Se esta "janela" (ou seja, a fase G-1 do primeiro ciclo mitótico) for alargada de horas para dias, os efeitos do envelhecimento artificial podem ser observados, dependendo do teor de água das sementes. Numa série de experiências, Murata et al. (1980, 1981, 1982, 1984) referiram que, com um teor de água de 12% a 18% na cevada (*H. vulgare L.),* a germinação das sementes era atrasada e reduzida proporcionalmente a um aumento da frequência de anáfases aberrantes. Em cevada, Gichner e Gaul (1971) observaram uma diminuição drástica na altura das plântulas que sobreviveram ao armazenamento com um teor de água de 13% - 20%. Os resultados destes autores inspiraram os nossos estudos sobre o envelhecimento artificial das sementes de *V.* faba. Finalmente, os nossos estudos experimentais indicam também a possibilidade de rejuvenescimento.

Capítulo 3 Materiais e métodos

Material vegetal e métodos de cultivo

Amostras de sementes

Para os nossos ensaios, escolhemos as sementes de *V. faba L. cv. Inovec,* com as quais temos muitos anos de experiência. As condições de crescimento desta espécie afectam o aparecimento das primeiras mitoses e o crescimento iminente das plântulas nas primeiras 24 horas. Para a germinação, utilizámos serradura húmida como padrão, mas também algodão húmido (experiências no Instituto de Botânica Experimental da Academia de Ciências Checa em Praga) e areia (experiências no Instituto de Biofísica da Academia de Ciências Checa em Brno). Um método de normalização importante foi a penetração do revestimento das sementes antes do tratamento mutagénico, o que leva a uma absorção uniforme da solução e a um crescimento uniforme das plântulas. O tempo do primeiro ciclo mitótico torna-se mais curto e a sincronização da atividade mitótica aumenta (Thomas & Davidson 1981). Não descascámos as sementes inteiras, como fizeram, por exemplo, Gichner et al. (1977) com a cevada, porque, no caso da fava, a manipulação das sementes após a imbibição teria sido difícil e as sementes poderiam desfazer-se.

Salientamos que, especialmente na série de experiências avaliadas com aberrações cromossómicas, tentámos padronizar as condições experimentais seleccionando as plântulas de acordo com o seu crescimento, o que corresponde aos resultados publicados (Thomas & Davidson 1981). É possível obter populações celulares muito mais uniformes a partir do comprimento das raízes do que a partir de plântulas não seleccionadas. [th]No entanto, a correlação entre o comprimento da raiz e o índice mitótico não é absoluta, especialmente até 70 horas após a germinação. A relação entre o comprimento da raiz, o início da atividade mitótica e o grau de sincronização celular, que é inicialmente muito próxima, também muda com o tempo (Davidson 1966, Thomas & Davidson 1981). À medida que o tempo disponível para a interfase completa aumenta, o grau de sincronização mitótica diminui. A duração padrão do ciclo mitótico em células da ponta da raiz desta espécie e variedade é determinada como sendo de 12 horas e 23 minutos, utilizando o método da colchicina a 25 oC de temperatura de cultivo (Munn 1964).

Até 73-90 % das células do meristema da radícula das sementes secas de *V. faba* com que trabalhámos estavam na fase G-1 (Brunori 1967, Jakob & Bovey 1969). [th]As células iniciam a síntese de ADN 15-20 horas após o início da imbibição (Jakob & Bovey 1969) ou 20-24 horas (Davidson 1966), mas o índice nuclear altamente pronunciado só foi encontrado após 40 horas (Davidson 1966, Jakob & Bovey 1969). [th]A alta frequência de mitoses marcadas só foi observada após 49 horas (Jakob & Bovey 1969). [thth]A maioria das células da ponta da raiz entra em mitose entre 50 e 70 horas, pelo que a mitose é muito rara nas células de raízes com 3-4 mm de comprimento. A atividade só aumenta a partir de um comprimento de 5-7 mm (Thomas & Davidson 1981). [th]Antes de 36 horas, as células da fase G-2, que constituem cerca de 10-30% de todas as células da radícula de sementes secas, entram em mitose (Thomas & Davidson 1981).

Em raízes de *V. faba* cultivadas in vitro, o primeiro ciclo de reparação do ADN começa 36-40 horas após o início da imbibição (Angelis et al. 1986).

Deve ser agora claro por que razão escolhemos a *V. faba* para as nossas experiências. Este modelo, que temos vindo a testar no nosso laboratório há vários anos, ofereceu-nos a oportunidade de confrontar diretamente os resultados de uma vasta investigação internacional a longo prazo sobre a reparação do ADN e de investigar melhor a espécie de *V. faba,* que até agora não foi suficientemente observada.

Para as nossas experiências, utilizámos onze conjuntos de sementes de *V. faba L.* com o cariótipo padrão ACB, que foram colhidas ao longo de vários anos (Michaelis & Rieger 1971). As sementes colhidas mais recentemente foram armazenadas à temperatura ambiente e as colhidas mais cedo a 4 °C. As sementes da cultivar Inovec foram colhidas todos os anos de 1976 a 1982 e em 1974; as sementes da cv. Prerovsky com o cariótipo normalizado foram colhidas em 1971. Os cariótipos ACB não normalizados foram colhidos em 1975 e 1982; as sementes da cv. V^gГasska hneda *Vicia saliva L.* foram colhidas em 1974 e utilizadas para comparação com outros conjuntos de sementes.

. Condições de tratamento

As sementes de *V. faba* foram tratadas com hidrazida maleica (MH, Fluka, 0,2-0,6 mM em tampão citrato-Na-fosfato 0,1 M a pH 5,5) ou metanossulfonato de metilo (MMS, Merck - CAS nº 7235870, 3-6 mM em água destilada a pH 4,8) durante 5 horas. Uma vez que o tempo, o pH e a temperatura do tratamento foram escolhidos de modo a que o efeito de quebra dos cromossomas da hidrazida maleica fosse plenamente realizado (Kihlman 1971), poderíamos esperar um elevado rendimento de metáfases aberrantes.

Condições de lavagem

Antes do tratamento com MMS, o revestimento das sementes secas foi penetrado para obter uma embebição mais uniforme e uma melhor sincronização da atividade mitótica (Thomas & Davidson 1981). Após o tratamento com um dos dois agentes mutagénicos, as sementes foram lavadas em água da torneira durante 2 horas.

. Embebição e germinação

"O progresso do primeiro ciclo celular para as primeiras divisões mitóticas é determinado pela disponibilidade de água em sementes envelhecidas e preparadas de forma acelerada" (Osborne 2000). As condições de embebição e germinação padrão foram modificadas durante as nossas experiências de acordo com o conhecimento adquirido em cada fase experimental. A embebição em recipientes de plástico que permitiam uma humidificação contínua com água destilada e sementes tratadas foi óptima. Estas sementes germinaram em serradura húmida.

Nas nossas primeiras experiências com DSBs e SSBs, seguimos as directrizes experimentais originalmente estabelecidas por Velemmsky e Gichner. Nas suas experiências, as sementes de *H. vulgare* foram embebidas durante 12-24 horas e depois germinadas em algodão humedecido em dessecadores à temperatura ambiente. No entanto, esta espécie (*H. vulgare*) não é tão sensível ao hipoxi como a *V. faba*. Para evitar que a maior sensibilidade afectasse os resultados das nossas experiências, tomámos as seguintes precauções (a) melhor circulação de ar nos dessecadores, que não foram mantidos a 25 °C, mas à temperatura ambiente do laboratório; (b) durante a embebição, utilizámos cloramina B a 5% para evitar a contaminação das plântulas com micróbios, que foram tratadas durante cerca de 30 min antes de serem lavadas com água destilada; (c) as sementes germinaram em serradura húmida em vez de algodão húmido, o que não permite uma respiração satisfatória das sementes.

. Condições de armazenamento

Teor específico de água

Para obter um teor específico de água, as sementes foram desidratadas após tratamento e lavagem a 50 % (2 h a 37 °C num termóstato com ventilador) ou a 20 % (17 h nas mesmas condições). Em seguida, as sementes foram armazenadas durante 0, 14 ou 28 dias à temperatura ambiente sobre 600 ml de água esterilizada (50 % p.c.) ou 600 ml de H2SO4 a 15 % (20 % p.c.) num exsicador. Após o tratamento, a lavagem e a re-secagem, um terço das amostras de sementes foi deixado germinar imediatamente e as raízes foram fixadas após diferentes tempos de recuperação (32 h, 48 h, 56 h, 72 h e 80 h). Outro terço das amostras de sementes foi deixado a germinar após 14 dias de armazenamento e o último terço após 28 dias.

Nas experiências de envelhecimento, as sementes de fava (*V. faba L.* Inovec) foram envelhecidas artificialmente, armazenando-as durante sete dias a 30% ou 25% de teor de água à temperatura ambiente, para observar os efeitos deste tratamento na germinação, no comprimento das raízes e na frequência das aberrações cromossómicas. Nestas condições, foram observadas alterações significativas em todos os parâmetros. Um aumento da frequência das aberrações cromossómicas nas células em ana-telófase foi confirmado pela nossa análise das células em c-metáfase. Verificámos o efeito sinérgico do envelhecimento artificial das sementes em sementes mais velhas de diferentes colheitas. Em cada experiência, as sementes foram primeiro embebidas em água destilada durante 24 horas. As sementes foram depois germinadas em papel de filtro humedecido em placas de Petri ou em serradura humedecida. A germinação em placas de Petri foi interrompida após os primeiros ensaios, nos quais se observou um aumento da taxa de aberrações devido à hipoxia. A germinação foi efectuada a uma temperatura controlada por termóstato de 25 °C. As raízes foram fixadas durante 10 minutos numa mistura de etanol e ácido acético (3:1).

Controlo do teor de água

Para verificar o teor de água durante a experiência, foram pesadas amostras adicionais de dez sementes antes e depois da secagem (8 horas a 105 °C) para determinar o teor de água (utilizando a fórmula 100 - (Yx100/X) = w.c., em que X = peso antes e Y = peso depois da secagem). As sementes foram embebidas em água destilada durante 24 horas e germinadas em serradura humedecida, no escuro, a uma temperatura constante de 24 °C.

Avaliação

Testar a vitalidade

A vitalidade e o comprimento da raiz (de 35 sementes cada) foram medidos em períodos de tempo precisos: 36 h, 48 h, 72 h, 80 h e 96 h, 120 h, 144 h, 168 h e 176 h, se necessário. Os resultados foram apresentados nas Figuras 3-5 utilizando o método dos mínimos quadrados no Golden Software Grapher.

Avaliações citológicas

As preparações rápidas de abóboras foram coradas com ácido propiónico ou oceina após terem sido mergulhadas durante 10 minutos numa mistura 1:1 de etanol-HCl. Para as preparações permanentes, as pontas das raízes foram esmagadas, coradas com Feulgen e tornadas permanentes pelo método do gelo seco e por imersão em Euparal. Foi analisada a frequência das aberrações cromossómicas, o seu carácter e a distribuição inter e/ou intracromossómica.

. Ana telófase

As raízes de amostras de sementes tratadas com MMS foram fixadas em etanol/ácido acético (3:1), esmagadas e depois coradas com aceto-orceína. A frequência das aberrações foi avaliada para as células ana-telóficas. Em média, foram analisadas 200 ana-telófases (50 no controlo) por período de recuperação. As aberrações cromossómicas nas ana-telófases foram classificadas com base na presença de fragmentos (F), pontes (B) ou ambos (F+B).

Metáfases

As quebras isocromáticas (i), as translocações (t), as deleções duplas (dd) e as deleções intercalares (d) foram analisadas em aproximadamente 50 células por lâmina (de acordo com Rieger et al. 1975). Foi analisada a frequência das aberrações cromatídicas, o seu carácter e a distribuição inter e intracromossómica.

Localização de aberrações cromatídicas

Para a localização das aberrações cromatídicas, foi utilizado um cariótipo reconstruído de *V. faba* (ACB), que resultou da combinação de duas translocações recíprocas, I-III (A) e I-VI (C), e de uma inversão pericêntrica no cromossoma V (B); este cariótipo difere do tipo padrão pela presença de quatro cromossomas estruturalmente alterados (I, III, V, VI) (Rieger & Michaelis 1972). O complemento cromossómico do cariótipo reconstruído foi dividido em 28 segmentos (cf. Michaelis & Rieger 1971, Dobel et al. 1973, Kaina et al. 1979) e revelou-se adequado para analisar a distribuição das aberrações cromatídicas. As quebras isocromáticas, as deleções por duplicação, as deleções intercalares e as translocações cromatídicas foram analisadas para cada um destes segmentos e os cálculos estatísticos foram efectuados de acordo com Rieger et al. (1977).

Duração do ciclo mitótico

Para determinar a duração do ciclo mitótico, as raízes foram embebidas numa solução de colchicina a 0,1 % durante 30 minutos após 96 horas de germinação. As sementes germinadas foram colocadas em recipientes de plástico com aberturas para as raízes. Após o tratamento com colchicina, as raízes foram lavadas e colocadas em recipientes semelhantes com água destilada. As amostras foram colhidas 30 minutos e 12, 14, 16 e 18 horas após o tratamento com colchicina (c-metáfases tetraplóides). A duração do ciclo mitótico foi calculada comparando a acumulação de c-metáfases diplóides e tetraplóides de acordo com Munn (1964).

A informação piloto sobre o comprimento da raiz correspondente a um ciclo mitótico específico foi obtida numa experiência com sementes de um ano de idade do cariótipo padrão (x em mm) com os seguintes resultados: 1º C.M. = 8,4 ± 0,22, 2º C.M. = 20,3 ±

0,98, 3º C.M. = 39,90 ± 1,59 e 4º C.M. = 73,15 ± 2,72.

Métodos autoradioactivos

Para detetar a reparação do ADN em sementes sujeitas a efeitos de armazenamento, utilizámos toda a gama de métodos autoradioactivos (Munn e Micieta 1998c).

Síntese de ADN não planeada/reparada

As pontas das raízes foram incubadas durante 2 horas numa solução de 3H-timidina (3H-TdR) (5 p,C/ml, UVVR, Praga) e lavadas em água corrente. [-2]A HU (2x10 M, Lachema) foi aplicada durante 2-4 horas simultaneamente e antes da marcação (KRUPNOVA & ZHESTYANIKOV 1977). [3]As raízes em desenvolvimento de *V. faba* foram tratadas com mutagénicos durante 5 h, lavadas durante 2 h e expostas a H-TdR durante mais 2 h para marcar o ADN; as raízes foram lavadas 7 h, 24 h e 32 h após o início do tratamento com MH. [3]Uma vez que a síntese replicativa de ADN foi suprimida pela HU, a microautoradiografia confirmou que a incorporação de H-TdrR no ADN nuclear se deveu à síntese não programada de ADN induzida pelo mutagénio.

Nas experiências indicadas no quadro 26, utilizou-se a emulsão líquida Orwo K-5 e, em todas as outras experiências, Ilford L-4. Os tempos de exposição a 4 °C no escuro variaram entre 7 dias (ver quadro 26) e 20 dias (quadros 27 e 28). [2]O número médio de grãos de prata num fundo de 100 pm foi utilizado para determinar o número mínimo de grãos acima do núcleo marcado, com uma probabilidade de 99%. Para cada variante, foram contados grãos de pelo menos 50 células em cada uma das 5 lâminas diferentes (3 lâminas para o controlo). [2]Além disso, apenas foram considerados os grãos com mais de 100 pm do núcleo.

Marcação de ADN e eluição neutra de ADN em raízes

[3]Após um período de germinação de 82-120 horas, as sementes de *V. faba* com um comprimento de raiz primária de 5-6 cm foram transferidas para água destilada com 5 pC/ml ou 10 pC/ml de H-TdR (10-24 horas de atividade específica 25 Ci por mmol, UVVR, Praga). As pontas das raízes destas plântulas foram então incubadas em 0,1 mM de timidina durante mais 24 horas. Esta timidina "fria" era necessária para apoiar a ligação entre as cadeias filhas replicadas de ADN (Van't Hof 1985). As raízes preparadas foram então tratadas em MMS de 4 mM, 6 mM ou 10 mM durante 5 horas e lavadas em água da torneira durante 1 hora. As pontas das raízes com um comprimento máximo de 2 cm foram então cortadas para o procedimento seguinte.

De acordo com o método DE VAN'T HOFF (1975), os núcleos isolados de 5 pontas de raiz foram colocados num filtro de PVC (BSWP-Millipore) e lisados durante 2 horas numa solução contendo 2% de SDS, 0,02 M de Na2EDTA e 0,5 mg/ml de proteinase K (Serva) em tampão Tris-glicina 50 mM, pH 9,6. O ADN desproteinizado no filtro foi lavado com tampão Tris-glicina-EDTA 5 mM com o mesmo pH e depois eluído a uma velocidade de bombagem de 0,057 ml/min (de acordo com BRADLEY & KOHN 1979). As fracções foram recolhidas a intervalos de 60 minutos, as suas alíquotas de 0,5 ml misturadas com um cocktail de cintilação Bray e medidas quanto à radioatividade juntamente com os resíduos de ADN nos filtros (Packard 3320). As restantes fracções foram precipitadas com TCA 5% frio em filtros de papel, lavadas com etanol, secas ao ar e medidas num cocktail de cintilação à base de tolueno (Packard 3320). A eluição foi expressa como a percentagem de ADN remanescente no filtro no final da eluição.

Marcação de ADN e eluição neutra de ADN em embriões sem cotilédones

O nosso trabalho com embriões sem cotilédones cultivados in vitro baseia-se no método de Angelis et al. (1986), que também utilizaram embriões de feijão com eluição alcalina e neutra de ADN. Em primeiro lugar, colocámos as sementes de molho em água destilada durante 24 horas (com um tratamento de 30 minutos com cloramina B a 5% em água destilada e posterior lavagem dos embriões), cortámos os embriões sem cotilédones e colocámo-los numa câmara de incubação esterilizada, colocados numa câmara de incubação esterilizada e incubados durante 24 horas em solução de Hoagland (+ 2% sacharose + 2 pM FUDr) à temperatura ambiente do laboratório num agitador lento, resultando numa acumulação de células no limite da fase G1/S (Angelis et al. 1986). Como sabemos, as células permanecem na fase G1 ou G2 durante o cultivo a longo prazo em sacarose (Van't Hof 1973); conseguimos assim a sua sincronização (Krupnova & Zhestyanikov 1977). ^{3}Em seguida, marcámos com 10 pC/ml de H-TdR e utilizámos uma concentração de 0,1 mmol de timidina fria (sempre após 24 h). Depois de tratar os embriões com um agente mutagénico e de os lavar, classificámos os núcleos e iniciámos a lise e a eluição propriamente dita da forma prescrita. Para a avaliação dos filtros e das fracções nos diagramas e quadros, utilizámos os mesmos métodos que nas experiências anteriores. Todas as manipulações nos embriões sem cotilédones foram efectuadas num ambiente esterilizado.

. Métodos estatísticos

A análise estatística dos dados do teste foi efectuada em todos os casos com análises de variância (ANOVA) de acordo com Amphelet e Delow (1984), que se baseiam na distribuição de Poisson. Isto garante que o nível de confiança é, pelo menos, a=0,05, mesmo para probabilidades próximas de zero e um, em contraste com o clássico teste assintótico de Wald e CI (Agresti, 2002), juntamente com o teste t de Student padrão, que é muito frequentemente utilizado na aplicação.

Quebras de cadeia dupla e simples do ADN

As partes básicas destas experiências foram realizadas em cooperação com o Instituto de Botânica Experimental da Academia Checa em Praga (Munn et al. 1992).

Destino das quebras de cadeia dupla e simples do ADN induzidas pelo metanossulfonato de metilo durante a recuperação em raízes de V. faba

Veleminsky et al (1972, 1973b) mostraram que a cevada pode recuperar de vários tipos de danos genéticos causados por agentes alquilantes monofuncionais se as sementes tratadas forem armazenadas a 30% de teor de água durante 1-4 semanas. Com este teor de água, as sementes de cevada não germinam e não há replicação semi-conservativa do ADN. A recuperação dos danos genéticos induzidos (aberrações cromossómicas, mutações de clorofila) foi acompanhada pela reparação de quebras de cadeia simples no ADN. Esta foi a primeira prova de reparação do ADN nas plantas (Veleminsky et al. 1972). O nosso objetivo era seguir este protocolo para as quebras de cadeia dupla no ADN para determinar se esta descoberta também se aplica a este tipo de danos no ADN e às espécies vegetais.

As DSB são geralmente reconhecidas como um dos tipos de danos no ADN mais importantes do ponto de vista biológico; os testes de eluição neutra são amplamente utilizados para detetar essas quebras. A eluição neutra baseia-se no pressuposto de que o ADN linear elui mais rapidamente com a diminuição do seu comprimento. No entanto, o ADN nas estruturas que estão sujeitas a replicação eluiria de forma diferente de uma molécula linear. Em resumo, as DSBs aumentam a taxa de eluição do ADN de um filtro no teste de eluição neutra (para uma revisão, ver Hutchinson 1989). Há também provas de que as "DSB induzidas por mutagénicos" são a principal lesão letal (Painter 1980, Radford 1985). É bem sabido que as enzimas restritivas reconhecem sequências de ADN curtas e específicas que se ligam e clivam o ADN para produzir uma DSB (Yates et al. 1992). Depois de terem criado uma quebra, as DSBs permanecem firmemente ligadas ao ADN e correm ao longo da hélice até encontrarem outro local de reconhecimento e cortarem novamente. Embora as quebras geradas tenham terminais 3'-hidroxilo e 5'-fosforilo intactos e devam ser facilmente reparadas por simples ligação, as enzimas de restrição causam aberrações cromossómicas significativas e morte celular (Bryant 1988, Morgan e Winegar 1990).

Um modelo popular de DSBs baseado na recombinação de uma molécula rompida com uma porção intacta de DNA duplex homólogo é apoiado por um grande número de evidências experimentais (Wood 1996, Sancar 1996). Vários autores desenvolveram ainda mais este modelo para explicar os resultados das experiências de transformação de leveduras, bem como estudos sobre o mecanismo de interconversão do tipo de acasalamento (para revisões, ver Nickoloff et al. 1989). Pridal e Lokajicek (1984) propuseram um mecanismo de reparação por etapas no seu estudo sobre a reparação de DSBs induzidas por radiação. Esta solução é bastante prática e realista, uma vez que os processos biológicos ocorrem quase sempre por etapas. Nesta base, Hsu e Tseng (1989) desenvolveram o seu modelo cinético simples para a reparação de DSBs induzidas por radiação. É evidente que a sua principal intenção era explicar o destino das DSBs em vários modelos e experiências após danos induzidos por radiação, como demonstrado em alguns outros relatórios (Obe et al. 1992, Ventur e Schultefrohlinde 1993, Cullis et al. 1993). Os objectos mais favoráveis para este tipo de experiências foram as leveduras (Akpa 1992, Friedl 1993) e as células Cho (Chang e Little 1992; Pfeiffer et al. 2000). Infelizmente, estas experiências deram poucos resultados conclusivos no que diz respeito aos mutagénicos químicos e ainda menos no que diz respeito às plantas. Velemmsky e Angelis (1990) observaram a baixa eficiência da reparação de danos no ADN induzida por MNU por excisão em células embrionárias de cevada. Após o tratamento com MMS, observámos 2,6 (4 mM), 2,1 (6 mM) e 1,8 (10 mM) vezes mais DSBs após um período de recuperação nas raízes em crescimento de *V. faba* (Fig. 1). (1989) relataram uma reparação significativa do ADN após o tratamento com bleomicina, os níveis observados de reparação do ADN no tratamento com MNU, embriões de *V.* faba cultivados in vitro (Angelis et al. 1986) e células embrionárias de cevada em condições de desenvolvimento ou "crescimento" (Velemmsky e Angelis 1990) permaneceram baixos. Tal como Angelis et al. (1989), também observámos um maior rendimento de DSBs remanescentes no filtro com concentrações de mutagénio mais baixas. Angelis et al. (1986) depararam-se aparentemente com o mesmo problema com *V. faba,* com o controlo a apresentar apenas 65 % da radioatividade no filtro na eluição alcalina. Da mesma forma, Velemmsky et al. (1987) descreveram um controlo de até 69 % da radioatividade retida no filtro com eluição alcalina. Na primeira série das nossas três experiências independentes, quisemos verificar a dependência da dose de uma vasta gama de concentrações: 2 mM, 4 mM, 5 mM, 6 mM, 8 mM e 10 mM de MMS. Como se pode ver na Fig. 1, a produção de DSBs corresponde à gradação da dose K, 4 mM, 6 mM, 10 mM MMS. A curva de DSBs após uma dose de 2 mM foi quase idêntica à dose de 4 mM, e a dose de 8 mM foi muito próxima da dose de 10 mM acima mencionada; por isso, na nossa avaliação final, considerámos apenas a mais elevada destas concentrações. O rácio de eluição pura (Kt - Kc) x 1000 (ver Quadro 1) favoreceu uma retenção de ADN no filtro significativamente dependente da dose (66,20%, 37,6% e 26,6%, respetivamente, ver Fig. 1).

Fig. 1 Eluição de ADN neutro de pontas de raízes em crescimento *de V. faba* após 5 horas de exposição a 4, 6 e 10 mM de MMS, em comparação com o tratamento de controlo com água destilada
Esta figura baseia-se num resumo dos resultados de três experiências independentes.

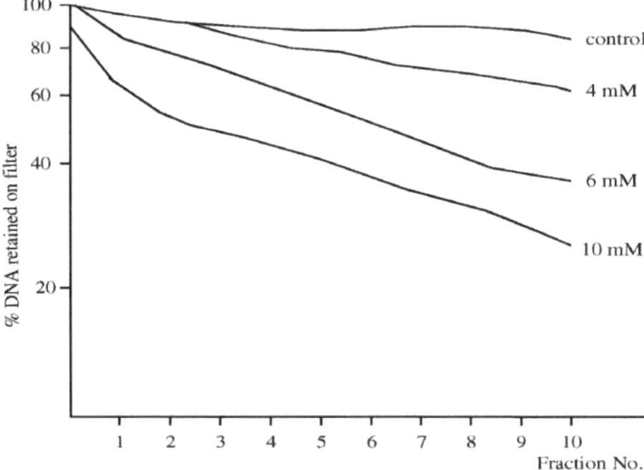

Tabela 1: Dependência da dose da ocorrência de DSB na concentração do mutagénio MMS após 82 horas de imersão, marcação com 5 µC/ml de 3H-TdR (24 horas), tratamento com timidina "fria" (12 horas), tratamento com MMS (5 horas), lavagem (2 horas) e lise dos núcleos celulares extraídos (2 horas).

	% of radioactivity retained on the filter	clean elution rate
Control	86.00	-
4 mM	66.20	8.36
6 mM	37.60	14.39
10 mM	26.60	17.17

Fig. 2. Eluição de ADN neutro de pontas de raízes em crescimento *de V. faba* após 5 h de exposição a 4 mM e 6 mM MMS antes (0 h) e após 24 h de tempo de recuperação (+R)

Esta figura baseia-se num resumo dos resultados de quatro experiências independentes.

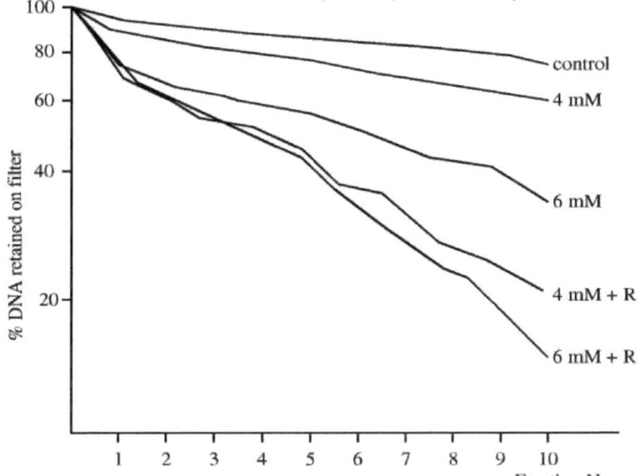

Na nossa série seguinte de experiências com o tratamento com MMS, investigámos o que aconteceu às DSBs induzidas pelo mutagénio durante as 24 horas seguintes do período de restituição. Quando foram aplicadas doses de 4 mM e 6 mM, verificámos que, em vez da esperada diminuição percentual de DSBs, as DSBs aumentaram durante as 24 horas seguintes. A eluição do ADN foi efectuada para metade da amostra de raiz imediatamente após o tratamento mutagénico. A segunda metade foi deixada a recuperar durante 24 horas antes de ser sujeita a eluição neutra. Após este período de recuperação, verificou-se que a retenção de ADN nos filtros era 42 % inferior a 4 mM e cerca de 30 % inferior a 6 mM do que no início da recuperação (Fig. 2).

Este resultado indica claramente uma acumulação de DSBs durante o período de recuperação. Por outras palavras, como se pode ver no rácio de eluição limpa no Quadro 2, parece provável que o tempo de restituição de 24 horas aumente drasticamente a percentagem de DSBs no ADN das células radiculares tratadas com mutagénico.

Considerando que o tempo de restituição de 24 horas variou entre 144 e 160 horas a partir do tempo de imersão inicial, é evidente que a atividade mitótica das raízes tratadas com mutagénico desempenhou um papel importante no aumento de DSBs.

Tabela 2: Ocorrência de DSBs após o tratamento e um tempo de restituição de 24 h Procedimento e avaliação normalizados como no quadro 1.

	DSBs after 0 h		DSBs after 24 h	
Control	80.60 %	-	70.00 %	-
4 mM	66.00 %	6.66	24.50 %	34.99
6 mM	51.33 %	15.04	21.00 %	40.13

As mesmas experiências foram efectuadas com concentrações de 5 mM e 10 mM de MMS. Em cada uma destas experiências, observámos a acumulação de DSBs após um período de recuperação de 24 horas (Fig. 3), ou seja, 29 % e 18 % menos ADN (com 5 mM e 10 mM MMS, respetivamente) permaneceu nos filtros do que no início do período de recuperação.

Fig. 3. Eluição de ADN neutro de pontas de raízes em crescimento *de V. faba* após 5 h de exposição a 5 mM e 10 mM MMS antes (0 h) e após 24 h de tempo de recuperação (+R)

Esta figura baseia-se no resumo dos resultados de três experiências independentes.

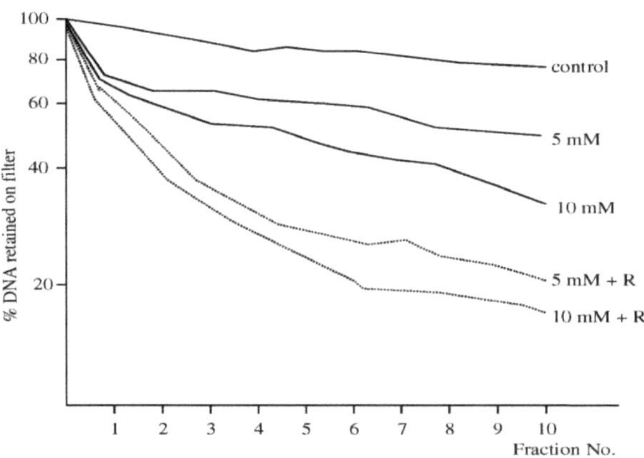

Quisemos verificar a ocorrência de SSBs com uma dose mais elevada de 5 mM e 10 mM MMS. A Tabela 4 mostra uma maior incidência de quebras de cadeia simples após 24 horas de restituição. Uma vez que a proteinase K não foi utilizada no pré-tratamento devido a um erro na nossa metodologia, a lisona mostrou geralmente uma menor incidência de SSBs do que esperávamos. No entanto, a relação de eluição limpa na Tabela 4. mostra uma percentagem mais elevada de quebras de cadeia simples, que naturalmente também ocorrem no ADN de células de raiz tratadas com mutagénico.

No que diz respeito às amostras tratadas com mutagénico apresentadas em todas as figuras, concluímos que observámos uma distribuição não aleatória tanto para DSBs como para SSBs.

Tabela 4: Ocorrência de SSBs após tratamento e um período de restituição de 24 h

Procedimento e avaliação normalizados como no quadro 1, exceto que não é utilizada proteinase K

	SSBs after 0 h		SSBs after 24 h	
Control	95.50 %	-	90.00 %	-
4 mM	94.00 %	0.17	83.00 %	2.70
6 mM	90.00 %	1.79	54.00 %	17.02

Destino das quebras de cadeia dupla do ADN induzidas pelo metanossulfonato de metilo durante a recuperação em embriões de V. faba sem cotilédones

Angelis et al (1986) trataram embriões de *V.* faba cultivados in vitro sem cotilédones com hidrazida maleica (MH) e metilnitrosoureia (MNU). Foram observadas DSBs após o tratamento com MNU, enquanto que após o tratamento com MH as DSBs só se formaram após digestão adicional com a nuclease S-1. Num trabalho posterior, Angelis et al. (1989) relataram efeitos diferentes do tratamento com MNU e bleomicina. O período de incubação com MNU resultou num maior número de DSBs, enquanto que a reparação ocorreu no caso do tratamento com bleomicina.

Estávamos particularmente interessados na gama de DSBs que ocorrem nas células do embrião em comparação com as células da ponta da raiz. Também estávamos interessados em saber o que acontecia com as DSBs após o período de restituição de 24 horas. Trabalhámos com concentrações de 4 mM, 5 mM e 6 mM de MMS, respetivamente. Nos embriões cultivados in vitro, observámos um controlo ligeiramente melhor (81-82 % da radioatividade foi retida no filtro), o que provavelmente se deve também aos nossos esforços para gerar uma população celular sincronizada.

Fig. 4 Eluição de ADN neutro de pontas de raízes em crescimento *de V. faba* após 5 h de exposição a 4, 5 mM e 6 mM de MMS antes (0 h) e após 24 h de tempo de recuperação (+R)
Esta figura baseia-se no resumo dos resultados de três experiências independentes.

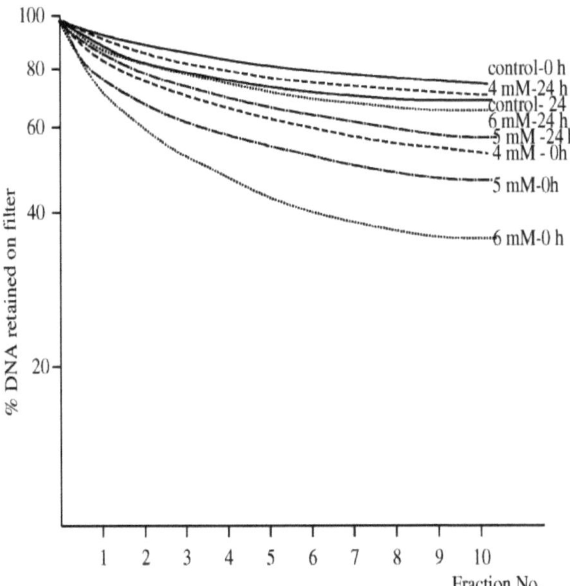

[3]A figura 4 mostra um aumento gradual da dose a partir de K (81%), 4 mM (65,33%), 5 mM (56%) e 6 mM (49,75%), representado na percentagem de radioatividade retida no filtro a partir da incorporação prévia de H-TdR. A subsequente diminuição da ocorrência de DSBs é interessante na medida em que o período de restituição de 24 horas resultou num aumento da percentagem de radioatividade retida no filtro, como também aconteceu para 4 mM MMS de 65,33% para 82,66%, para 5 mM MMS de 56% para 72% e para 6 mM MMS de 49,75% para 76,50%. Assim, o aumento durante o período de restituição é maior na concentração mais elevada (6 mM) do que na dose mais baixa (4 mM). Podemos concluir que o tempo de restituição de 24 h resultou numa ocorrência notavelmente menor de DSBs nos embriões cultivados in vitro, enquanto que na concentração mais baixa (4 mM) foi atingida a paridade com a amostra de controlo. Os valores claros da razão de eluição na Tabela 5 confirmam estes resultados.

Tabela 5: Ocorrência de DSBs nos embriões cultivados in vitro sem cotilédones após tratamento e um tempo de restituição de 24 h

	DSBs after 0 h		DSBs after 24 h	
Control	81.87 %	-	80.62 %	-
4 mM	65.33 %	7.51	82.66 %	0.83
5 mM	56.00 %	12.65	72.00 %	3.76
6 mM	49.75 %	16.59	76.50 %	1.74

Após 24 horas de imersão, incubação em solução de Hoagland + Sacharose a 2 % + FUDr 2 pM (24 horas), marcação com 10 pC/ml de 3H-TdR (24 horas), tratamento com timidina "fria" (24 horas), tratamento com MMS (5 horas) e lavagem (2 horas).

Concluímos assim que a conceção das nossas experiências permitiu a marcação das cadeias de ADN na primeira fase S e que, após uma lesão induzida por doses adequadas de mutagénico, a reparação foi efectuada antes do início da segunda fase S. Tudo isto permitiu a reparação ativa das lesões. De acordo com Angelis et al. (1986), a replicação no primeiro ciclo mitótico de embriões cultivados in vitro ocorre em 36-40 h. O nosso método de marcação e outros procedimentos antes do tratamento mutagénico das células incluem este período); por conseguinte, espera-se que o efeito mutagénico subsequente também prolongue o segundo ciclo mitótico.

Na sequência destas experiências, estávamos interessados no destino das DSBs no início do período de restituição (à 6ª hora) e após uma dupla extensão (à 48ª hora). Naturalmente, estes dados só fazem sentido se confirmarem os efeitos da reparação de 24 horas. Nestas experiências, utilizámos concentrações ainda mais elevadas de 10 mM e 20 mM de MMS para validar o processo de restituição de danos mais elevados.

Fig. 5 Eluição de ADN neutro de pontas de raízes em crescimento *de V. faba* após 5 horas de exposição a 10 mM e 20 mM MMS antes (0 horas) e após 6 horas de recuperação. Esta figura baseia-se num conjunto de resultados de três experiências independentes.

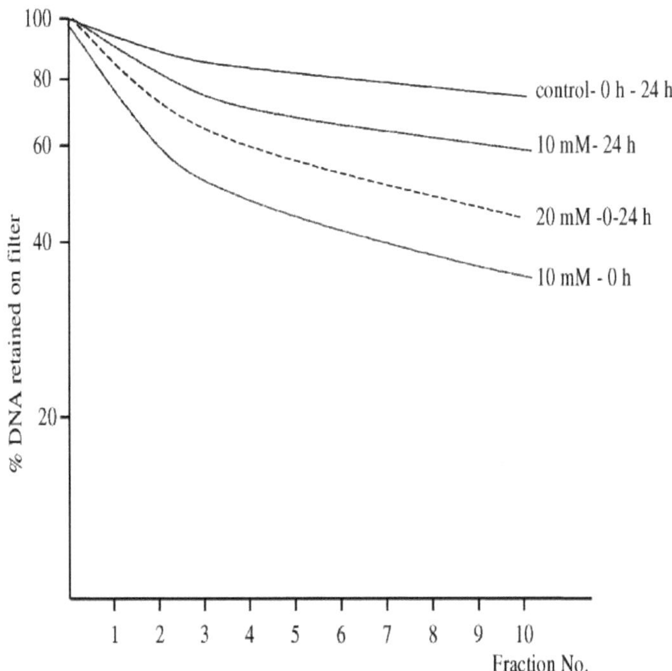

Embora não mostre qualquer dependência em relação à dose, a figura 5 ilustra a maior incidência de DSB (apenas 37 % da radioatividade é retida no filtro a 10 mM de MMS) causada por estas concentrações mais elevadas. Este fenómeno pode ser explicado como uma certa consequência da saturação a concentrações mais elevadas ou como o "paradoxo da dose" descrito por Osborne (1982) em relação à radiação. A dose muito elevada neste caso (20 mM MMS) influenciou provavelmente o facto de, durante as primeiras 6 horas de restituição, não se ter verificado qualquer alteração na razão de eluição neutra em células embrionárias de embriões sem cotilédones tratados com esta concentração (ver também Quadro 5).

Table 5. Ocorrência de DSBs nos embriões cultivados in vitro sem cotilédones após tempos de restituição de 0 - 6 - 24 - 48 h.

Procedimento normalizado e avaliação como no quadro 4

	DSBs after 0 h		DSBs after 6 h		DSBs after 24 h		DSBs after 48 h	
Control	71.25 %	-	71.25 %	-	72.00 %	-	83.00 %	-
10 mM	37.00 %	21.83	54.00 %	9.23	73.00 %	0.46	77.00 %	2.49
20 mM	44.00 %	16.06	44.00 %	16.06	69.00 %	1.41	28.00 %	36.21

No entanto, na experiência com duplo prolongamento do tempo de restituição (Fig. 6), a percentagem de radioatividade retida no filtro nos embriões sem cotilédones tratados com uma dose de 10 mM de MMS aumentou simultaneamente de 37 % para 54 %. Este aumento manteve-se na 24.ª hora do período de restituição e continuou apenas de forma muito ténue na 48.ª hora. A concentração de 20 mM de MMS também mostrou uma diminuição das DSBs até à 24ª hora do período de restituição, mas um aumento dramático das DSBs na 48ª hora.

Fig. 6 Eluição de ADN neutro de pontas de raízes em crescimento *de V. faba* após 5 horas de exposição a 10 mM e 20 mM MMS e após períodos de recuperação de 24 e 48 horas
Esta figura baseia-se no resumo dos resultados de três experiências independentes.

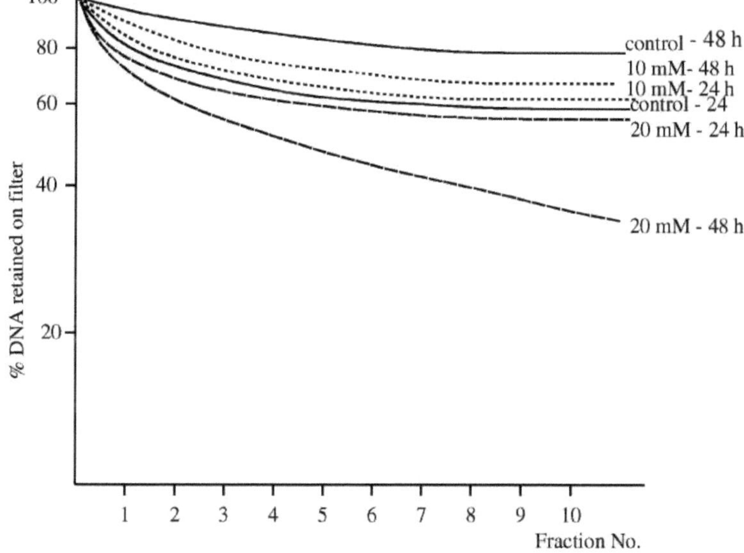

Concluímos que o efeito de saturação inicial - ou a menor percentagem de danos proporcional a concentrações mais elevadas, como sugerido por Krupnova e Zhestyanikov (1977) em relação à radiação gama - pode influenciar a reparação subsequente. A partir da forma da última curva de eluição na 48ª hora, podemos estimar o início da segunda fase S e o subsequente crescimento rápido de quebras de cadeia dupla. Isto é consistente com a constatação de que, nos agentes patogénicos dependentes de S, as quebras ocorrem durante a reparação de lesões permanentes em coordenação com a replicação (Natarajan e Obe 1984). Esta tendência é evidente a partir do rácio de eluição claro que observámos (Tabela 6).

Esta constatação confirma os resultados de outras experiências que realizámos para avaliar a ocorrência de síntese de ADN não programada. É provável que o tempo de atividade de reparação efectiva não seja superior às 24 horas do tempo de restituição.

Aberrações cromossómicas após tratamento com um mutagénio não alquilante (hidrazida maleica)

Como sabemos pelos resultados da investigação de outros, "as aberrações cromossómicas são induzidas por vários agentes mutagénicos, e as aberrações ocorrem diretamente durante a reparação e replicação inadequadas das lesões do ADN", enquanto "no caso dos agentes dependentes de S, as quebras são formadas durante a reparação de lesões permanentes em coordenação com a replicação e são, portanto, detectáveis na mitose subsequente" (Natarajan e Obe 1984). Ao mesmo tempo, "a maioria das aberrações cromossómicas resulta de apenas uma quebra cromossómica" (Leenhouts e Chadwick 1978). Consideramos que as aberrações cromossómicas constituem, nesta fase da nossa experiência, uma indicação importante do estado das sementes mutagenizadas durante o armazenamento experimental. A comparação do carácter destas aberrações com as nossas observações da germinação e do crescimento médio das raízes primárias das sementes tratadas e armazenadas pode esclarecer vários problemas relacionados.

A influência do teor de água selecionado das sementes durante o armazenamento experimental

50% do teor de água das sementes

Tal como Gichner et al. (1972), que observaram "um forte efeito reparador no crescimento M1 das plântulas, nas aberrações cromossómicas e na frequência M2 das mutações da clorofila" na cevada a 30 % de teor de água de armazenagem após o tratamento com MNU, podemos relatar os mesmos resultados positivos relativamente às taxas de germinação, aberrações cromossómicas e comprimentos de raiz do feijão de campo a 50 % de teor de água de armazenagem após o tratamento com MH e MMS. No caso de 0,6 mM MH, estes resultados mostram uma diminuição das aberrações de 2,32% por dia durante os primeiros 14 dias de armazenamento (Quadro 6). Duas semanas adicionais de armazenamento em condições idênticas levaram a uma redução das aberrações de 1,96% por dia (Fig. 7). Estes resultados indicam uma limitação da capacidade de reparação em função do tempo de armazenamento e podem ser parcialmente explicados pelo facto de o processo de reparação já estar concluído em algumas células. Outra explicação possível é o facto de o fornecimento de enzimas cruciais para a reparação por excisão se esgotar nos primeiros dias de armazenamento experimental; uma vez que não é possível qualquer síntese nestas condições, alguns danos no ADN não puderam simplesmente ser reparados.

Table 6. A frequência de metáfases aberrantes durante o armazenamento de sementes *de V.* faba tratadas com 0,6 mM MH

As sementes foram tratadas durante 5 horas, lavadas durante 2 horas e armazenadas a 50 % de teor de água à temperatura do laboratório. Foram analisadas pelo menos 600 metáfases para cada momento de avaliação.

	32 h	48 h	56 h	72 h	80 h
Control 0 days	1.73 ± 1.32	1.50 ± 0.50	1.00 ± 0.00	4.60 ± 1.60	1.66 ± 0.57
MH	73.33 ± 6.67	61.50 ± 3.35	68.04 ± 8.98	68.85 ± 4.13	78.83 ± 3.23
Control 14 days	3.26 ± 0.10	4.41 ± 0.33	5.69 ± 1.04	1.60 ± 0.40	2.57 ± 1.60
MH	29.29 ± 4.80	30.40 ± 11.5	35.87 ± 7.01	37.72 ± 14.6	33.65 ± 21.9
Control 28 days	2.53 ± 1.22	3.11 ± 0.23	4.50 ± 0.86	3.22 ± 1.02	1.12 ± 0.23
MH	6.81 ± 2.27	7.40 ± 2.25	13.25 ± 5.43	17.41 ± 8.88	10.44 ± 2.14

Fig. 7 Frequência de metáfases aberrantes induzidas por hidrazida maleica (0,6 mM) em função do armazenamento (0, 14 e 28 dias).

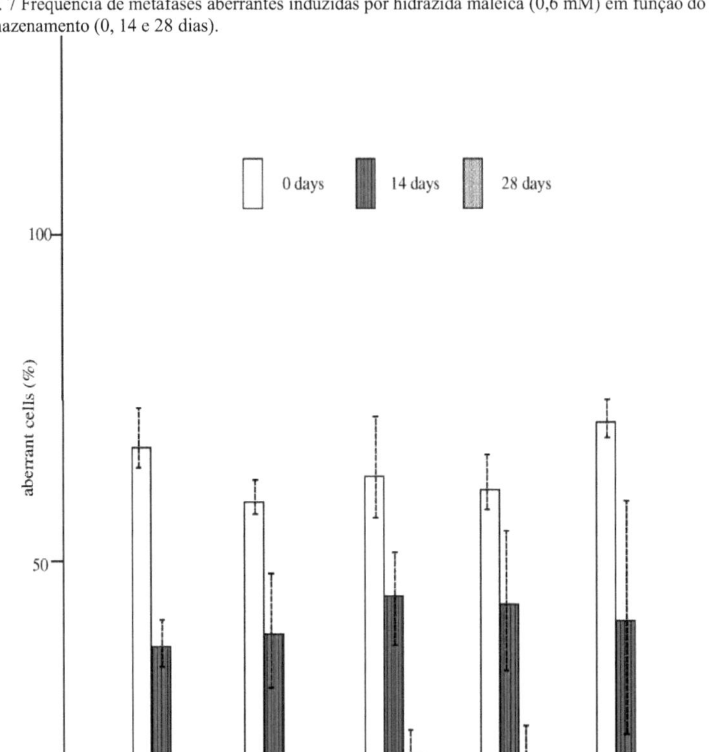

30% do teor de água das sementes

Com um teor de água de armazenagem de 30%, observou-se um forte aumento dos danos biológicos nas sementes tratadas, tal como em experiências idênticas com cevada (Gichner et al. 1972). Inicialmente, a taxa de germinação diminuiu por um fator de dois a três, e as primeiras mitoses só começaram após 72 horas (isto é, 48 horas mais tarde do que com 50% de armazenamento).

de água). É claro que isso também se reflectiu na taxa média de crescimento das raízes, onde as sementes assim tratadas atingiram uma taxa de crescimento radicular duas a quatro vezes inferior com o mesmo tempo de restituição (80 h) (ver quadro 8), indicando que estavam pelo menos dois ciclos mitóticos atrasados. Observámos a mesma tendência para a diminuição da frequência das aberrações cromossómicas a 50 % de teor de água de armazenamento, enquanto que o armazenamento a 30 % de teor de água teve o efeito contrário. Estas tendências tornam-se particularmente evidentes quando os resultados dos valores descritos são comparados diretamente (ver quadro 8).

Quadro 8: Diferenças entre os efeitos do armazenamento a 50 % e 30 % de teor de água, avaliados com base no comprimento da raiz e na frequência de metáfases desviantes

	0 days	14 days	28 days
Growth in mm		50% / 30%	
4 mM	29.90 / 24.85	61.90 / 11.00	47.85 / 8.63
6 mM	20.16 / 13.20	61.67 / 14.00	27.66 / 10.00
Aberration rate in %	0 days	14 days	28 days
4 mM	40.97 / 30.90	17.06 / 77.84	16.42 / 98.41
6 mM	68.51 / 77.47	26.46 / 98.95	19.92 / 86.10

Comparámos os resultados das nossas experiências de armazenamento com sementes de cevada danificadas por diferentes tipos de agentes alquilantes (Velemmsky e Angelis 1989) com outras experiências com sementes de fava tratadas com um agente não alquilante, MH. A nossa análise das células da extremidade da raiz em diferentes intervalos de tempo após a exposição ao MH é consistente com relatórios anteriores (Cortes et al. 1985) que mostram que o MH induz apenas aberrações cromatídicas. Os principais tipos de aberrações cromatídicas que observámos estão listados na Tabela 9.

Condições de tratamento: °°°°As sementes foram tratadas com 0,6 mM MH durante 5 horas a 25 C, lavadas durante 2 horas a 25 C, re-secas a 37 C até 50% de teor de água e armazenadas a 25 C.

Quadro 9: Influência do armazenamento das sementes na frequência e espetro das aberrações cromatídicas induzidas pela hidrazida maleica (abs.)

Storage (days)	Metaphases No. Scored	No. Damaged	% of abs.	No. of abs/ cells	i	t	dd	d	i/t	intra/inter
0	3608	2236	61.9	1.38	2100	692	184	128	3.03	3.48
14	3390	1356	40.0	1.24	1530	95	14	36	16.10	16.63
28	3640	470	12.9	2.61	1160	20	17	33	58.20	60.70

i = quebra isocromática, t = translocação cromatídica, dd = delecção duplicada, d = delecção intercalar

De acordo com Michaelis e Rieger (1963), que observaram uma relação de 7,5 % : 9 % de translocações para quebras (com uma frequência global de 17,75 % de aberrações) após o tratamento de sementes *de V.* faba com 0,5 mM MH, também observámos um maior rendimento de quebras do que de translocações. Uma experiência especial confirmou esta observação com um tratamento de 0,6 mM MH (ver quadro 10).

Tabela 10: A proporção de translocações e quebras nas metáfases aberrantes durante o armazenamento de sementes de *V.* faba tratadas com 0,6 mM MH

Métodos e teor de água como no caso do Quadro 9. Foram analisadas 300 metáfases aberrantes para cada momento de avaliação.

	32 h	48 h	56 h	72 h	80 h
0 days	62/137	70/90	65/94	61/104	72/140
14 days	12/76	10/84	8/92	3/119	5/84
28 days	4/17	4/11	0/34	0/46	3/31

Mais importantes são as alterações no rendimento dos diferentes tipos de aberrações cromatídicas relacionadas com o efeito do armazenamento. A redução da frequência de translocações após 14 e 28 dias de armazenamento resultou num rácio i/t (quebras isolocus/translocações) mais elevado durante o armazenamento (ver Quadro 8). O rácio entre as trocas intra- e inter-cromossómicas também indica que ocorreu uma maior incidência de lesões simultâneas entre cromossomas individuais por célula durante períodos de armazenamento mais longos. No final do armazenamento, foi também observado um maior número de aberrações por célula, em comparação com as amostras não armazenadas. Tudo isto parece indicar que, após o armazenamento, as células danificadas remanescentes apresentam arranjos cromossómicos mais complexos. Isto sugere que o armazenamento proporciona uma oportunidade para aumentar a atividade de reparação, mas não parece afetar as células gravemente danificadas (aproximadamente 11% das células após quatro semanas de armazenamento).Heindorff et al. (1987) referiram que pelo menos dois sistemas independentes de reparação induzida - um para agentes não-alquilantes e outro para agentes alquilantes - funcionam nas plantas. Concluímos que os danos induzidos após o tratamento com um agente não alquilante, MH, foram reparados durante o armazenamento de sementes danificadas a 50% de teor de água. Os resultados das nossas experiências de armazenamento de sementes *de V.* faba tratadas com agentes alquilantes, como o metanossulfonato de metilo (MMS), são apresentados no capítulo seguinte.

. Tratamento com mutagénio alquilante (MMS)

Até agora, as nossas conclusões gerais sobre o efeito de memória basearam-se principalmente em experiências com o tratamento com MH (Munn 1990, 1993). O nosso objetivo era agora utilizar um tipo diferente de mutagénio - MMS - como agente alquilante. Os agentes alquilantes são mutagénicos potentes e estão entre os carcinogénicos mais potentes do nosso ambiente (Velemmsky e Gichner 1982). Mutagénios alquilantes como MNU, DES e MMS e, menos frequentemente, EI, PMS e iPMS foram utilizados em ensaios de armazenagem com cevada (ver McLennan 1988). Embora mais de 100 agentes mutagénicos tenham sido testados em sementes *de V. faba* (Sykorova 1984), sabe-se que apenas relativamente poucos ensaios utilizaram MMS.

50% do teor de água das sementes

O armazenamento de sementes *de V. faba* tratadas com 4 mM MMS a 50 % de teor de água levou a uma diminuição significativa da frequência de aberrações cromossómicas, tanto nas anaerófases (ver Fig. 8) como nas metáfases (Quadro 11).

A nossa análise das ana-telófases mostrou uma diminuição média para todos os tempos de recuperação após o tratamento de 39,4±4,6% sem armazenamento para 16±2,24% após 14 dias de armazenamento e 14,4±3,45% após 28 dias de armazenamento. Nas metáfases, a média para todos os tempos de recuperação foi de 40,12±1,88% (0 dias) para 16,4±3,36% (14 dias) e 16,88±4,05% (28 dias).

O armazenamento de sementes *de V. faba* tratadas com 6 mM de MMS a 50 % de teor de água também levou a uma redução significativa da frequência de aberrações cromossómicas nas ana-telófases (ver Fig. 8) e nas metáfases (Quadro 12).

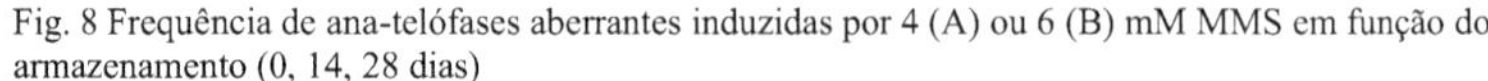

Fig. 8 Frequência de ana-telófases aberrantes induzidas por 4 (A) ou 6 (B) mM MMS em função do armazenamento (0, 14, 28 dias)

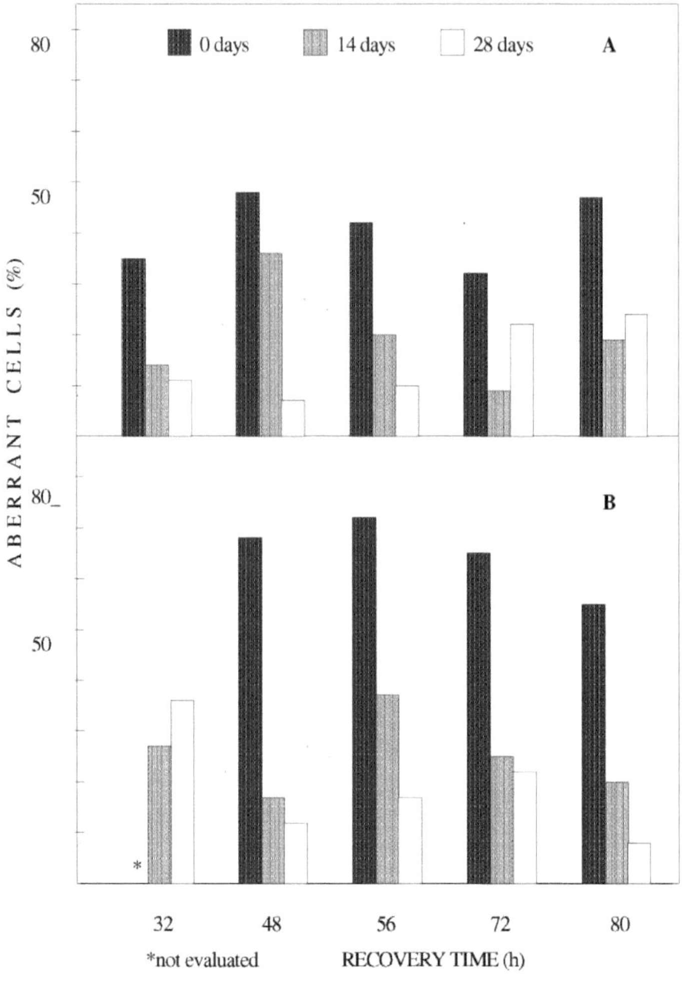

Table 11. Influência do armazenamento de sementes no espetro de aberrações cromossómicas induzidas por 4 mM de metanossulfonato de metilo (abs.)
Condições de tratamento: °°°°As sementes foram tratadas com MMS durante 5 horas a 25 C, lavadas durante 2 horas a 25 C, secas a 37 C até 50 % de teor de água e armazenadas a 25 C durante 0 dias. (RT = tempo de recuperação, i = quebra de isocromatídeos, t = translocação cromatídica, dd = deleção dupla, d = deleção intercalar, % de abs. = percentagem de aberrações)

0 days

RT (h)	No. of metaphases scored	No. of damaged metaphases	% of abs.	i	t	dd	d
32	199	71	35.7	69	2	4	0
48	175	71	40.6	57	15	5	2
56	104	46	44.2	45	6	4	1
72	131	47	35.9	38	2	3	0
80	147	65	44.2	62	12	0	1

14 days

RT (h)	No. of metaphases scored	No. of damaged metaphases	% of abs.	i	t	dd	d
32	137	20	14.6	45	0	1	1
48	162	39	24.0	35	4	1	1
56	-	-	-	-	-	-	-
72	99	8	8.1	4	2	1	0
80	58	11	18.9	8	1	0	1

28 days

RT (h)	No. of metaphases scored	No. of damaged metaphases	% of abs.	i	t	dd	d
32	157	20	12.7	22	0	1	0
48	110	7	6.4	6	0	0	1
56	110	14	12.7	17	0	1	0
72	68	19	27.9	17	2	0	0
80	85	21	24.7	22	0	0	0

Table 12. Influência do armazenamento das sementes no espetro de aberrações cromossómicas induzidas por MMS-metilmetanossulfonato 6 mM (abs.)
Condições de tratamento: °°°°As sementes foram tratadas com MMS durante 5 horas a 25 C, lavadas durante 2 horas a 25 C, secas a 37 C até 50 % de teor de água e armazenadas a 25 C durante 14 dias. (RT = tempo de recuperação, i = quebra de isocromatídeos, t = translocação cromatídica, dd = deleção dupla, d = delocação intercalar, % de abs. = percentagem de aberrações) A nossa análise das ana-telófases mostrou uma diminuição média de 64,5±3,79 % sem armazenamento para 24±2,88 % após 14 dias de armazenamento e 18,8±5,04 % após 28 dias de armazenamento para todos os

0 days

RT (h)	No. of metaphases scored	No. of damaged metaphases	% of abs.	i	t	dd	d
32	-	-	-	-	-	-	-
48	300	186	62.0	192	21	5	4
56	140	111	79.3	75	31	6	9
72	100	69	69.0	53	15	7	4
80	367	267	72.8	294	42	10	11

14 days

RT (h)	No. of metaphases scored	No. of damaged metaphases	% of abs.	i	t	dd	d
32	169	43	25.4	47	2	0	1
48	84	15	17.9	12	0	1	2
56	154	41	26.6	46	1	0	3
72	92	16	17.4	18	3	0	1
80	92	21	22.8	40	2	0	1

28 days

RT (h)	No. of metaphases scored	No. of damaged metaphases	% of abs.	i	t	dd	d
32	56	15	26.8	17	0	0	0
48	98	11	11.9	13	0	0	0
56	115	20	17.4	24	0	0	0
72	105	23	21.9	26	0	0	0
80	75	7	9.3	8	1	0	0

tratamentos e tempos de recuperação. Para as metáfases, a redução percentual para todos os tempos de recuperação variou de 70,77±3,61% (0 dias), 22,02±1,89% (14 dias) e 17,46±3,2% (28 dias). Com um teor de água de armazenamento de 50%, observámos uma melhoria significativa no crescimento médio das raízes até ao 14.º dia de armazenamento, numa gama tal que os valores de 4 mM e 6 mM se revelaram quase idênticos (Fig. 9).

Como se pode ver claramente acima, a eficácia da reparação do ADN foi bastante diferente durante o primeiro e o segundo períodos de duas semanas. A comparação com os segundos 14 dias de armazenamento resultou em diferenças insignificantes em todos os casos (em termos de dose e de ambos os tipos de aberrações), embora tenha havido uma reparação clara e significativa do ADN em comparação com amostras não armazenadas (0 dias). Podemos excluir claramente que uma diminuição da capacidade de reparação após duas semanas seja causada pela diminuição do teor de água das sementes (que foi controlado durante todo o período de armazenamento), uma vez que este poderia mostrar tendências inesperadas durante o período de armazenamento.

As nossas medições confirmam a estabilidade do teor de água das sementes. As duas primeiras semanas de armazenamento das sementes tratadas com 4 mM de MMS reduziram o rendimento das aberrações cromossómicas nas ana-telófases numa média de 1,7 % de aberrações cromossómicas por dia (máx. 2 %, mín. 0,6 %, dependendo do respetivo tempo de recuperação). O armazenamento subsequente de duas semanas em condições idênticas apenas levou a uma redução das aberrações de 0,045 % (máx. 1,2 %, mín. -1,1 %) por dia (ver Fig. 8). Com a dose de 6 mM, a redução passou de 3,015 % por dia (máx. 3,4 %, mín. 2,7 %) para 0,47 % (máx. 1,5 %, mín. -0,65 %) por dia, em média, para todos os tempos de recuperação analisados nas anatelopses (ver figura 8). Estes dados mostram diferenças maiores entre a primeira e a segunda armazenagem de duas semanas do que no caso da dose mais elevada utilizada nas nossas experiências anteriores (Munn 1990): 0,6 mM MH (de 2,72% para 1,58%).

Fig. 9 Comprimento da raiz (% do controlo) durante o armazenamento de 4 (A) ou 6 (B) mM MMS (0, 14, 28 dias)

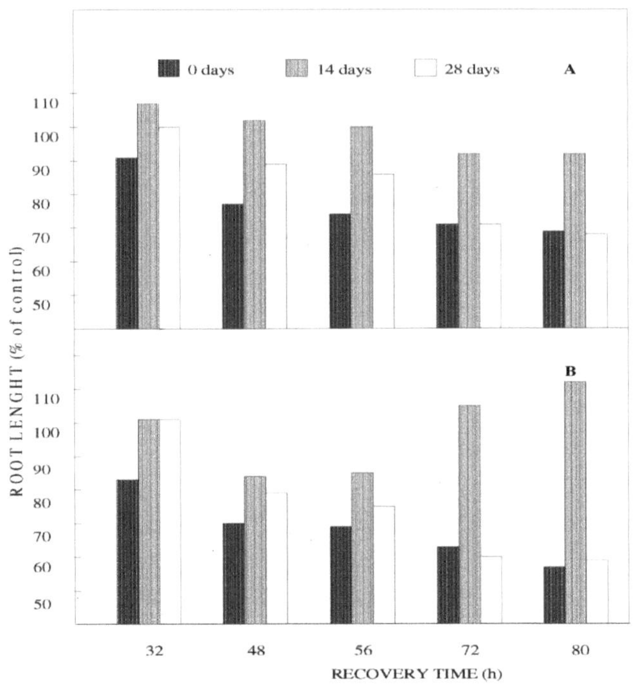

Este efeito positivo do armazenamento na redução da frequência de aberrações cromossómicas em sementes de cevada tratadas com EMS e armazenadas a 30% de teor de água foi descrito por Velemmsky et al. (1972) e confirma a hipótese de Velemmsky e Gichner (1978) relativa à reparação do ADN em plantas superiores tratadas com mutagénicos, segundo a qual "a extensão da reparação depende da dose de mutagénico e do teor de água em condições de armazenamento". Por outro lado, observámos resultados diferentes no que diz respeito à dependência da dose de mutagénicos. Tal como no exemplo citado no capítulo I.6.3, uma dose mais elevada de MNU resultou numa eficiência de reparação inferior (8 mM = 2 % de quebras de cadeia simples por dia); no entanto, observámos uma correlação direta entre a diminuição da frequência de aberrações por dia e a dependência da dose do tratamento com MMS. No entanto, temos de admitir que foram utilizados dois mutagénios claramente diferentes (MNU - MMS) e métodos de avaliação (SSB - aberrações cromossómicas) nestas duas experiências, pelo que o impacto desta diferença não deve ser demasiado importante para a avaliação global do efeito do armazenamento. Confirmámos também uma tendência significativa do armazenamento experimental no que diz respeito ao nível de vigor das raízes em crescimento das sementes tratadas em percentagem do controlo (Fig. 9).

A análise dos tipos de aberrações nas células metafásicas revelou um maior número de quebras do que de translocações cromatídicas (ver Tab. 11-12). Os resultados mais importantes são os que indicam alterações no rendimento dos diferentes tipos de aberrações cromatídicas associadas ao efeito de posição. As reduções significativas da frequência das translocações cromatídicas durante o armazenamento revelaram alterações significativas da relação i/t (quebras isolocus/translocações) para a dose de 4 mM (0 dias: 14 dias : 28 dias = 7,32 : 13,14 : 42,00). O mesmo padrão também foi observado em doses correspondentemente mais altas de 6 mM MMS (0 dias: 14 dias: 28 dias = 5,60 : 20,37 : 176,00). Parece que ocorre uma maior variedade de lesões simultâneas em cromossomas individuais por célula durante períodos de armazenamento mais longos. O número de aberrações por célula durante o armazenamento, em comparação com as amostras não armazenadas, mostrou uma alteração interessante neste rácio, tanto para a dose de 4 mM de MMS (0 dias: 14 dias: 28 dias = 1,12 : 1,35 : 1,10) como para a dose de 6 mM (0 dias: 14 dias: 28 dias = 1,21 : 1,36 : 1,16) entre 14 e 28 dias, para mais ou menos o mesmo nível sem armazenamento (0 dias). Isto também indica que estão presentes arranjos cromossómicos mais complexos nas restantes células danificadas (aproximadamente 16,40 % das células para 4 mM MMS e 22,02 % para 6 mM MMS após duas semanas de armazenamento). Após quatro semanas de armazenamento, 16,90 % das células estão presentes para 4 mM MMS e 17,46 % para 6 mM MMS.

Numa série de experiências, Murata et al. (1981, 1982, 1984) referiram 12% e 18% de teor de água para a cevada (*H. vulgare L.*) como condições óptimas para atrasar e reduzir a germinação das sementes. A frequência dos erros de anáfase aumentou paralelamente. Gichner e Gaul (1971) observaram uma redução drástica na altura de plântulas maduras de cevada que sobreviveram ao armazenamento com 13% ou 20% de teor de água. Por outro lado, tal como observado originalmente por Velemmsky et al. (1972) em relação às células vegetais, um teor de água mais elevado (30% na cevada) promove uma recuperação e reparação significativas das SSB induzidas por agentes alquilantes. O mesmo resultado pode ser esperado em *V. faba* com diferentes teores de água (30-50 %).

O efeito do armazenamento em *V. faba* foi originalmente observado por Sykorova (1984). Embora ela tenha tratado as suas amostras com HM, as diferenças entre os primeiros 14 dias e os segundos 14 dias de armazenamento na sua experiência foram idênticas às que observámos na nossa. Mais uma vez, em todos os casos (tanto na dose de 0,2 mM como na dose de 0,4 mM de HM e para ambos os tipos de aberrações, anatelopses e metáfases), os efeitos do armazenamento revelaram-se diferenças insignificantes entre os resultados de 14 e 28 dias de armazenamento, embora tenha havido uma melhoria clara e significativa em comparação com as amostras não armazenadas. Isto significa que as duas primeiras semanas de armazenamento reduziram a produção de aberrações cromossómicas em metáfases de sementes tratadas com 0,4 mM MH em 1,47% por dia. As duas semanas seguintes de armazenamento em condições idênticas resultaram numa redução das aberrações em 0,64% por dia. Isto pode indicar que a reparação do ADN ocorre durante o armazenamento, tanto para os agentes alquilantes como para os não alquilantes, como o MMS e o MH, e que o efeito do armazenamento ocorre após duas semanas. O rendimento significativamente mais elevado de quebras em comparação com translocações cromatídicas indica os resultados observados por Michaelis e Rieger (1963) no seu tratamento de sementes de *V.* faba com 0,5 mM de MH. Gichner e Veleminsky (1977) descreveram a mudança de aberrações cromatídicas para aberrações cromossómicas durante o armazenamento após o tratamento com dietilsulfato (DES) e levantaram originalmente a possibilidade de as mudanças nos tipos de aberrações estarem relacionadas com a conversão de quebras induzidas de ADN de cadeia simples em dupla. Assim, outra série de experiências realizadas por Gichner e Veleminsky (1979) mostrou que o número de aberrações cromatídicas induzidas pelo DES diminuía durante o armazenamento das sementes, enquanto o número de aberrações cromossómicas aumentava. No entanto, isto só se verificou após o tratamento com DES, ao passo que o tratamento com MMS e o armazenamento subsequente das sementes reduziram as aberrações cromatídicas e cromossómicas. Gichner e Velemmsky propuseram duas explicações alternativas para este resultado: (1) as lesões que causam aberrações cromatídicas são reparadas em maior grau do que as lesões que causam aberrações cromossómicas; e (2) durante o armazenamento das sementes, as lesões que causam aberrações cromatídicas são reparadas e/ou convertidas noutros tipos de lesões que causam aberrações cromossómicas. Heindorff et al. (1987) relataram que as plantas têm dois sistemas independentes de reparação do ADN para agentes alquilantes e não-alquilantes. Os resultados que obtivemos ao armazenar sementes tratadas com o agente não-alquilante MH e o agente alquilante MMS indicam que os danos no ADN causados por cada um destes agentes mutagénicos dependentes de S foram reparados durante o água das sementes após tratamento com 4 mM MMS

No decurso do armazenamento, as metáfases analisadas revelaram um efeito negativo pronunciado quando armazenadas a 30 % de teor de água (Quadro 13), o que conduziu a 100 % de células aberrantes no final da experiência. Em muitas células, verificou-se mesmo a completa desintegração e fragmentação da configuração cromossómica, conhecida como pulverização.

Quadro 13: Avaliação da frequência de aberrações cromossómicas em sementes tratadas com 4 mM MMS a 30 % de teor de água

	72 h	80 h	96 h	104 h	128 h	152 h
Control	4.81 ± 0.7	3.62 ± 0.3	-	3.88 ± 1.6	3.43 ± 2.9	5.20 ± 0.4
0 days						
4 mM	53.73 ± 9.7	29.16 ± 2.5	-	30.87 ± 3.6	25.33 ± 0.7	15.41 ± 2.1
	48 h	**56 h**	**72 h**	**80 h**	**96 h**	**104 h**
Control	5.00 ± 2.8	-	4.00 ± 2.2	3.00 ± 1.2	1.40 ± 0.9	2.30 ± 0.5
14 days						
4 mM	75.60 ± 3.3	-	100.00 ± 0.0	100.00 ± 0.0	91.86 ± 8.1	21.74 ± 11.6
	72 h	**80 h**	**96 h**	**104 h**	**128 h**	
Control	1.60 ± 0.1	2.10 ± 0.3	1.40 ± 1.0	2.00 ± 0.7	1.30 ± 0.8	n. e.
28 days						
4 mM	96.87 ± 3.1	97.36 ± 2.6	100.00 ± 0.0	100.00 ± 0.0	97.82 ± 2.2	n. e.

Condições de tratamento: °°As sementes foram tratadas durante 5 horas, depois lavadas durante 2 horas a 25 C, novamente secas até 30% de teor de água e armazenadas a 25 C. Foram analisadas 600 metáfases para cada tempo de recuperação. Os resultados são expressos como percentagem média de metáfases aberrantes + SEM. n. e. = não avaliado

ndAo mesmo tempo, as células só entraram nas primeiras mitoses mais tarde, e só encontrámos pontas de raiz que eram adequadas para avaliação após 72 h de germinação. Assim, os resultados do efeito do mutagénio, a secagem das sementes até 30% de teor de água e o armazenamento a este teor de água já estão comprovados. A taxa média de aberração na concentração de 4 mM MMS aumentou de 30,9% (0 dias) para 77,84% (14 dias) e depois para 98,41% (28 dias). Assim, o aumento da taxa de aberrações foi de 3,79% de aberrações por dia durante os primeiros 14 dias de armazenamento. Na outra metade da experiência, o aumento foi de apenas 1,45% das aberrações por dia, o que confirma novamente o abrandamento do efeito do armazenamento experimental já mencionado nos resultados do armazenamento a 50% de teor de água.

Nas séries de avaliação específicas (0, 14 e 28 dias), as diferenças entre os tempos de restituição foram influenciadas pelas flutuações extremas após 14 dias de armazenamento. [ndnd]Nos resultados dos tempos de restituição sem armazenamento, o erro padrão de medida (SEM) dos seus valores médios foi de 6,30 e a diferença entre a taxa de aberração mais elevada (53,73 % nas 72 h) e a mais baixa registada (15,41 % nas 152 h) foi de 38,82 % das metáfases aberrantes.

[ndthth]Após 14 dias de armazenamento, o SEM dos valores médios foi de 14,71 e a diferença entre a taxa de aberração mais elevada (100 % nas 72 e 80 h) e a mais baixa (diminuição extrema para 21,74 % nas 104 h) atingiu o valor extremo de 78,26 % de metáfases aberrantes. [th]A razão para tal foi a taxa de aberrações extremamente baixa nas 104 h, invulgar em comparação com o nível normal de aberrações nos outros tempos de restituição. Este valor foi excecional em todas as análises da nossa experiência. A comparação da avaliação do crescimento radicular (ver Tab. 15) também não mostrou correlações significativas nesta série. [ththnd]Após 28 dias de armazenamento, o SEM dos valores médios dos tempos de restituição individuais foi de 0,66 e a diferença entre a taxa de aberração mais elevada (100% nas 96 e 104 h) e a mais baixa (96,87% nas 72 h) foi de 3,13% das metáfases aberrantes. Em contraste com os resultados anteriores, observou-se neste caso uma extrema uniformidade dos valores. [th]104 h do período de armazenamento de 14 dias têm uma influência extrema na soma dos resultados. As tendências dos SEMs analisados (6,30 - 14,71 - 0,66) indicam, portanto, apenas uma maior uniformidade da taxa de aberração no final da experiência. [thndndndthththnd]A partir da taxa de aberração das raízes analisadas entre 72 h (uma vez nas 48 h) e 152 h (os valores mais altos e mais baixos foram registados em 72 -152 h, 72 -104 h e 96 , 104 -72 h), há uma indicação de uma diminuição da taxa de aberração durante as mitoses subsequentes nas amostras sem armazenamento.

Armazenamento em 30% do teor de água das sementes após tratamento com 6 mM MMS

Durante o armazenamento a 30% de teor de água, foi observado um efeito negativo nas metáfases analisadas (Quadro 14). Após apenas 14 dias, a maioria das amostras apresentava uma desintegração da configuração cromossómica, conhecida como pulverização, em 100% das células aberrantes.

[th]O aparecimento das primeiras mitoses foi adiado para 96 horas após o tratamento. Mais uma vez, foi observada uma alteração na outra metade da experiência, quando os resultados do armazenamento foram mais fracos. A taxa média de aberrações no caso do

O tratamento com MMS 6 mM aumentou de 77,47% (0 dias) para 98,95% (14 dias) e diminuiu parcialmente para 86,10% de metáfases aberrantes na outra metade. Isto representou um aumento da taxa de aberrações de 1,65% por dia durante os primeiros 14 dias de armazenamento, enquanto na outra metade se registou uma diminuição da taxa de aberrações de 0,91% por dia.

Quadro 14: Avaliação da frequência de aberrações cromossómicas em sementes tratadas com 6 mM MMS a 30 % de teor de água

	72 h	80 h	96 h	104 h	128 h	152 h
Control	4.81 ± 0.7	3.62 ± 0.3	-	3.88 ± 1.6	3.43 ± 2.9	5.20 ± 0.4
0 days						
6 mM	84.33 ± 14.4	93.75 ± 6.3	-	53.48 ± 2.1	92.04 ± 11.1	63.77 ± 0.9
	48 h	**56 h**	**72 h**	**80 h**	**96 h**	**104 h**
Control	5.00 ± 2.8	-	4.00 ± 2.2	3.00 ± 1.2	1.40 ± 0.9	2.30 ± 0.5
14 days						
6 mM	-	-	100.00 ± 0.0	100.00 ± 0.0	100.00 ± 0.0	95.83 ± 4.2
	72 h	**80 h**	**96 h**	**104 h**	**128 h**	
Control	1.60 ± 0.1	2.10 ± 0.3	1.40 ± 1.0	2.00 ± 0.7	1.30 ± 0.8	n. e.
28 days						
6 mM	-	77.50 ± 8.8	100.00 ± 0.0	66.91 ± 33.1	100.00 ± 0.0	n. e.

Condições de tratamento: °°As sementes foram tratadas durante 5 horas, depois lavadas durante 2 horas a 25 C, novamente secas até 30% de teor de água e armazenadas a 25 C. Foram analisadas 600 metáfases para cada tempo de recuperação. Os resultados são expressos em percentagem média de metáfases aberrantes + SEM. n. e. = não analisado

Em certas séries de avaliação (0 dias, 14 dias e 28 dias), as diferenças entre os tempos de recuperação foram maiores para o primeiro e o último tempos de recuperação, como no caso da mesma concentração e armazenamento a 50 %.

teor de água (ver Tab. 11). ththPara os valores dos tempos de restituição sem armazenamento, o SEM dos seus valores médios foi de 8,02 e a diferença entre a taxa de aberração mais elevada (93,75 % nas 80 h) e a mais baixa registada (53,48 % nas 104 h) foi de 40,27 % das metáfases aberrantes.

[ndththth]Após 14 dias de armazenamento, o SEM dos valores médios foi de 1,04 e a diferença entre o maior (100% nas 72, 80 e 96 h) e o menor desvio medido (95,83% nas 104 h) foi de 4,17% das metáfases aberrantes.

[ththnd]Após 28 dias de armazenamento, o SEM da média dos valores registados foi de 8,30, e a diferença entre as aberrações mais elevadas (100 % nas 96 e 128 h) e as mais baixas registadas (66,91 % nas 104 h) foi de 22,5 % das metáfases aberrantes.

Estes dados mostram a maior uniformidade dos valores registados após 14 dias de armazenamento (1,04) e os valores do SEM dos valores médios registados após 0 e 28 dias de armazenamento foram quase os mesmos (8,02 e 8,30). A diferença entre a taxa de desvio mais elevada e a mais baixa medida entre os tempos de retorno de uma série de amostras foi maior no início (40,27 %), muito baixa após 14 dias de armazenagem (4,17 %) e metade no final da experiência do que no início (22,5 %). [ndththththndththththnd]A partir da taxa de aberrações das raízes avaliadas entre 72 e 128 h (uma amostra foi avaliada após 152 h), com os valores mais altos e mais baixos registados entre 80 -104 , 72 , 80 , 96 - 104 e entre 96 -72 h, a tendência não é visível nas mitoses seguintes.

A influência do teor de água selecionado

Podemos comparar o efeito do teor de água selecionado com o exemplo das diferenças no comprimento das raízes das sementes armazenadas em condições favoráveis de teor de água de 50% ou em condições desfavoráveis de teor de água de 30%. Os resultados seguem claramente as nossas observações quando analisámos a frequência das aberrações nas pontas das raízes das sementes tratadas nas mesmas condições (ver Quadros 15 - 18).

Table 15. Avaliação do comprimento da raiz em sementes tratadas com 4 mM MMS a 50% de teor de água Método padrão. Resultados em mm.

	32 h	48 h	56 h	72 h	80 h
Control	13.56 ± 1.13	32.76 ± 2.14	39.50 ± 2.64	59.30 ± 3.50	60.50 ± 4.22
0 days					
MMS	7.85 ± 0.65	18.50 ± 1.64	20.46 ± 1.89	29.39 ± 2.57	29.90 ± 2.70
Control	17.06 ± 1.01	35.05 ± 9.80	38.69 ± 9.80	45.86 ± 1.47	73.54 ± 5.92
14 days					
MMS	20.71 ± 1.08	35.30 ± 2.63	38.80 ± 11.7	56.30 ± 3.10	61.90 ± 5.34
Control	11.96 ± 0.91	31.00 ± 2.37	38.03 ± 2.94	64.94 ± 4.34	69.41 ± 0.44
28 days					
MMS	12.47 ± 0.84	24.30 ± 2.05	25.45 ± 1.95	43.61 ± 3.77	47.85 ± 4.05

Table 16. Avaliação do comprimento da raiz em sementes tratadas com 6 mM MMS a 50% de teor de água Método padrão. Resultados em mm.

	32 h	48 h	56 h	72 h	80 h
Control	13.56 ± 1.13	32.76 ± 2.14	39.50 ± 2.64	59.30 ± 3.50	60.50 ± 4.22
0 days					
MMS	-	9.82 ± 1.14	13.46 ± 1.56	18.17 ± 2.55	20.16 ± 2.25
Control	17.06 ± 1.01	35.05 ± 2.39	38.69 ± 9.80	45.86 ± 1.47	73.54 ± 5.92
14 days					
MMS	20.99 ± 4.81	31.08 ± 1.84	37.86 ± 1.15	51.01 ± 2.49	61.67 ± 5.24
Control	11.96 ± 0.91	31.00 ± 2.37	38.03 ± 2.94	64.96 ± 4.34	69.41 ± 0.44
28 days					
MMS	9.73 ± 1.05	19.73 ± 1.60	20.60 ± 2.29	26.00 ± 3.62	27.60 ± 3.05

Table 17. Avaliação do comprimento da raiz em sementes tratadas com 4 mM MMS a 30% de teor de água Método padrão. Resultados em mm.

	72 h	80 h	104 h	128 h	152 h
Control	21.82 ± 1.94	28.20 ± 2.55	49.71 ± 4.49	72.47 ± 7.28	98.47 ± 9.37
0 days					
MMS	12.30 ± 1.30	24.85 ± 2.22	29.53 ± 3.52	32.45 ± 5.50	35.61 ± 5.97
	48 h	72 h	80 h	96 h	104 h
Control	16.42 ± 5.02	46.53 ± 2.05	48.67 ± 3.55	57.33 ± 3.37	77.90 ± 5.76
14 days					
MMS	7.85 ± 1.28	11.00 ± 1.76	13.59 ± 1.82	17.89 ± 6.75	20.00 ± 3.46
	72 h	80 h	96 h	104 h	128 h
Control	20.79 ± 2.41	28.87 ± 3.01	57.09 ± 4.89	64.95 ± 5.70	111.19 ± 10.1
28 days					
MMS	4.90 ± 1.33	8.63 ± 1.37	13.00 ± 1.86	14.10 ± 2.15	15.40 ± 2.29

Table 18. Avaliação do comprimento da raiz em sementes tratadas com 6 mM MMS a 30% de teor de água Método padrão. Resultados em mm.

	72 h	80 h	104 h	128 h	152 h
Control	21.82 ± 1.94	28.20 ± 2.55	49.71 ± 4.49	72.47 ± 7.28	98.47 ± 9.37
0 days					
MMS	11.01 ± 1.12	13.20 ± 3.51	17.57 ± 4.63	18.85 ± 4.52	25.80 ± 5.56
	48 h	72 h	80 h	96 h	104 h
Control	16.42 ± 5.02	46.53 ± 2.05	48.67 ± 3.55	57.33 ± 3.37	77.90 ± 5.67
14 days					
MMS	-	14.00 ± 3.88	18.40 ± 5.10	20.07 ± 6.43	25.40 ± 7.33
	72 h	80 h	96 h	104 h	128 h
Control	20.79 ± 2.41	28.87 ± 3.01	57.09 ± 4.89	64.95 ± 5.76	111.19 ± 10.1
28 days					
MMS	-	10.00 ± 2.64	13.25 ± 5.32	15.75 ± 6.55	21.00 ± 9.00

O efeito da duração selecionada da armazenagem experimental

Como se pode ver pelos diferentes níveis de avaliação, prestámos muita atenção a este importante fator nas nossas experiências. [thth]A diminuição acentuada da frequência das aberrações cromossómicas nas sementes tratadas com MH 0,6 mM, de 2,32% de aberrações por dia (até ao 14º dia de armazenamento) para 1,96% de aberrações por dia (até ao 28º dia de armazenamento), é reveladora. No caso do MMS, a redução da frequência das aberrações foi ainda mais surpreendente: de 1,7% para 0,41% por dia após uma dose de 4 mM e de 3,015% para 0,86% por dia após uma dose de 6 mM.

Assim, para todos os parâmetros que seleccionámos para o nosso estudo, conseguimos determinar o efeito ótimo do armazenamento até ao 14º dia. O "melhor efeito" diminuiu rapidamente com o armazenamento até ao 28º dia. As implicações destes resultados são também importantes de um ponto de vista teórico. Se o armazenamento experimental prolonga de facto a fase G1 (Gichner e Velemmsky 1977), então a semelhança com a "janela" das primeiras horas de imersão, onde a reparação é uma consequência natural da germinação (Osborne et al. 1984), é claramente visível. Ao estudar a "janela", podemos compreender melhor as possibilidades do armazenamento experimental. Este assunto será abordado com mais pormenor nos próximos capítulos em relação à síntese de ADN não programada (Capítulo IV.6.). Na "janela", as primeiras horas após o tratamento são as mais eficazes para a reparação, como verificaram Osborne et al. (1984). O paralelismo entre a "janela" e o "armazenamento experimental" significa que, de acordo com os nossos resultados, a capacidade de reparação do efeito de armazenamento culmina ao 14º dia e um armazenamento posterior não provoca alterações significativas. Os resultados de Gichner e Velemmsky (1979), que analisaram as alterações na frequência das aberrações cromossómicas em sementes de cevada tratadas com 15 mM MMS durante 0, 7, 14 e 28 dias de armazenamento com armazenamento experimental positivo, mostram uma conclusão idêntica. Para períodos comparáveis aos nossos, descreveram uma taxa média de aberrações de 55,00 % - 8,70 % - 8,13 %, o que é totalmente consistente com as nossas conclusões. O seu armazenamento até ao 7º dia resultou numa diminuição significativa da aberração de 55% para 15,86%. Por conseguinte, preferimos utilizar tempos de armazenamento mais curtos nas nossas próximas experiências.

O efeito do tempo de avaliação selecionado nos seguintes ciclos mitóticos

No caso da hidrazida maleica, tivemos a oportunidade de comparar as nossas investigações com os resultados de Sykorova (1984) e Heindorff (não publicado). No entanto, temos

têm a desvantagem de nenhum destes autores descrever o erro padrão de medida, pelo que não podemos avaliar de forma conclusiva a diferença entre os resultados nos períodos de restituição individuais registados (ver Quadro 19).

Nas experiências de Sykorova, a tendência desejada não foi descrita nas 48 horas entre o primeiro e o último tempo de restituição, enquanto que nas experiências de Heindorff, pelo contrário, esta tendência era de esperar. Esta última é coerente com os nossos resultados para o tratamento com MS (quadro 6), em que a diminuição esperada da taxa de aberrações não foi observada ao longo dos tempos de restituição seleccionados. No entanto, observámos esta tendência com o metanossulfonato de metilo: nas sementes tratadas com 6 mM e armazenadas a 50% de teor de água e nas sementes tratadas com 4 mM e 6 mM, não armazenadas e armazenadas a 30% de teor de água durante 14 dias. Este facto corresponde mais uma vez aos nossos dados relativos à taxa de aberrações mais baixa e mais alta, tal como descrito na nossa análise.

Table 19. Resumo dos resultados das aberrações cromossómicas após o tratamento com MH da variedade Chlumecky (Sykorova, 1984; Heindorff não publicado)

Condições normais de cultivo e tratamento

		32 h	48 h	56 h	72 h	80 h
Control	Sýkorová	1.00	0.50	1.00	1.00	0.50
0.2	Sýkorová	3.50	5.00	7.50	2.50	8.00
0.4	Sýkorová	40.00	56.00	43.00	60.00	56.00
0.6	Heindorff	38.00	51.50	58.00	75.00	75.00

O efeito do mutagénio selecionado

Poderíamos também procurar as diferenças entre os agentes mutagénicos em questão. Uma delas é a estabilidade relativa da hidrazida maleica, enquanto o metanossulfonato de metilo começa a degradar-se algumas horas após o tratamento das células. O tempo previsto para a lavagem, com base na experiência adquirida com a lavagem da cevada (por exemplo, Gichner et al., 1972), deve ser suficiente para evitar a presença de resíduos de mutagénicos. Por conseguinte, pode dizer-se (ver quadro 20) que, no caso da hidrazida maleica, não se verificou qualquer diminuição da frequência das aberrações cromossómicas durante as próximas mitoses, ao passo que, no caso do metanossulfonato de metilo, se pode descrever uma certa tendência, confirmada por resultados semelhantes analisados em cevada após tratamento com MMS 15 mM (Velemmsky e Gichner, 1979).

Quadro 20: Influência do armazenamento das sementes na frequência de aberrações cromossómicas induzidas por hidrazida de ácido maleico 0,6 mM ou metanossulfonato de metilo 6 mM

Storage (days)	Treatment	Recovery time (h)				
		32	46	56	72	80
0	control	1.70±1.3	1.50 ± 0.5	1.00 ± 0.0	4.60 ± 1.6	1.60 ± 0.5
	MH	73.3±6.6	61.5 ± 3.3	68.0 ± 8.9	68.8 ± 4.1	78.8 ± 3.2
14	control	3.20±0.1	4.40 ± 0.3	5.60 ± 1.0	1.60 ± 0.4	2.50 ± 1.6
	MH	29.2±4.8	30.4 ± 11	35.8 ± 7.0	37.7 ± 14.6	33.6 ± 21
0	control	5.10±1.0	3.10 ± 1.8	4.10 ± 1.5	2.20 ± 2.0	1.10 ± 1.0
	MMS	68.5±8.8	66.7 ± 13	79.4 ± 3.7	68.2 ± 9.4	59.6 ± 7.8
14	control	3.20±2.0	3.50 ± 0.8	1.10 ± 1.1	1.60 ± 0.0	2.20 ± 2.2
	MMS	27.1±8.5	18.7 ± 3.1	39.8 ± 10.1	24.3 ± 10	22.1 ± 2.1

Condições de tratamento: °°As sementes foram tratadas durante 5 horas, depois lavadas a 25 C durante 2 horas, novamente secas até 50% de teor de água e armazenadas a 25 C. Foram analisadas 600 metáfases para cada tempo de recuperação. Os resultados são expressos em percentagem média de metáfases aberrantes + SEM.

. Distribuição dos danos induzidos nos cromossomas individuais

A frequência das aberrações cromatídicas

A Tabela 21 mostra o efeito dose-dependente do tratamento com MH (0,2, 0,4 e 0,6 mM) na frequência de aberrações cromatídicas induzidas em células da ponta da raiz de *V.* faba durante diferentes tempos de recuperação.

Tabela 21: Efeito dependente da dose do tratamento com MH (0,2, 0,4 e 0,6 mM) nas células da ponta da raiz de V. faba. Foram analisadas 200 metáfases (50 no controlo) por período de recuperação.

	Recovery time				
	32 h	48 h	56 h	72 h	80 h
Control	2.0±1.3	5.0± 0.6	1.0 ± 0.8	3.6 ± 1.6	1.6 ± 0.4
0.2	-	33.6± 1.8	34.9 ± 7.4	47.3 ± 1.7	40.0 ± 1.1
0.4	54.2±0.8	59.5± 2.7	58.7 ± 1.8	52.0 ± 8.0	50.2 ± 2.1
0.6	70.9±2.0	70.0± 5.3	76.0 ± 6.5	77.5 ±1.5	78.0 ± 1.1

Escolhemos a dose mais elevada de MH utilizada nesta experiência para estudar os efeitos de um agente não alquilante nas células das pontas das raízes, uma vez que a elevada frequência de aberrações cromatídicas resultante proporciona uma oportunidade única para observar a atividade de reparação durante o armazenamento.

O quadro 22 mostra a frequência de aberrações cromatídicas induzidas por 0,6 mM de MS em células da ponta da raiz de *V.* faba após 0, 14 e 28 dias de armazenamento de sementes a 50 % de teor de água. O quadro 22 mostra que o armazenamento a longo prazo conduz a uma redução significativa da frequência de aberrações cromatídicas. No entanto, como a eficácia do armazenamento é limitada, o alargamento do intervalo de armazenamento de 14 para 28 dias conduziu a resultados menos impressionantes. Os primeiros 14 dias de armazenamento reduziram o rendimento das aberrações cromatídicas em 2,32 ± 0,2 % por dia. As duas semanas seguintes de armazenamento (em condições idênticas) conduziram a uma redução das aberrações de 1,96 ± 0,14% por dia. Este facto poderia indicar uma limitação da capacidade de reparação em função do tempo de armazenamento.

Quadro 22: Efeito de 0, 14 e 28 dias de armazenamento de sementes a 50 % de teor de água na frequência de metáfases com aberrações cromatídicas induzidas por 0,6 mM MH em células da ponta da raiz de *V.* faba. Foram analisadas 200 metáfases (50 no controlo) por período de recuperação.

	Recovery time				
	32 h	48 h	56 h	72 h	80 h
0	68.3 ± 1.4	67.8 ± 6.2	73.1 ± 5.5	70.4 ± 2.8	76.2 ± 4.9
14	30.6 ± 0.3	38.9 ± 1.1	43.9 ± 1.3	46.4 ± 3.2	32.8 ± 3.8
28	6.8 ± 2.3	7.4 ± 1.9	13.3 ± 5.4	17.4 ± 8.9	10.4 ± 2.2

O quadro 23 mostra que uma privação de água de 20 % nas sementes *de V.* faba cria condições desfavoráveis para as enzimas envolvidas na reparação por excisão dos danos no ADN (Gichner e Veleminsky, 1977). Um armazenamento de 14 dias a um teor de água de 20 % conduz a um aumento significativo dos danos cromatídicos induzidos por mutagénicos. O efeito desta condição sobre as aberrações cromatídicas é tão forte (em algumas células observou-se que os cromossomas estavam realmente pulverizados) que não pareceu razoável prolongar o intervalo de armazenamento por mais duas semanas, ou seja, um total de 28 dias.

Tabela 23: Efeito de 0 e 14 dias de armazenamento de sementes a 20% de teor de água na frequência de metáfases com aberrações cromatídicas induzidas por 0,6 mM MH em células da ponta da raiz de *V.* faba. Foram analisadas 200 metáfases (50 no controlo) por período de recuperação.

	Recovery time				
	32 h	48 h	56 h	72 h	80 h
0	72.1 ± 4.3	65.8 ± 1.9	72.0 ± 7.5	73.2 ± 2.8	78.4 ± 2.2
14	80.9 ± 4.0	90.0 ± 3.6	96.0 ± 0.3	97.5 ± 1.5	98.0 ± 1.1

Fig. 1. Localização de aberrações cromatídicas

Com base em dados anteriores (Munn 1990, Munn 1993) confirmados pelas nossas experiências (ver Tab. 22-25), a parte mais eficaz do armazenamento (os primeiros 5 dias) e as doses mais elevadas de mutagénico foram escolhidas para estudar os padrões de distribuição das aberrações cromatídicas induzidas pelo tratamento com MS quando armazenado a 50 % ou 20 % de teor de água. A figura 10 mostra diferenças significativas entre os resultados obtidos após cinco dias de armazenamento a 50 % e a 20 % de teor de água. Uma explicação para esta discrepância poderia ser o facto de a influência dos mutagénicos no padrão de distribuição das aberrações cromatídicas depender de factores exógenos como o tempo de tratamento, a concentração dos mutagénicos, o valor do pH, a temperatura, etc. (Schubert et al. 1986). Os métodos de armazenamento a 50 % e a 20 % de teor de água proporcionam condições fundamentalmente diferentes para o efeito do mutagéneo nas células, principalmente devido ao procedimento de ressecagem.

No entanto, as aberrações cromatídicas localizam-se preferencialmente nos segmentos 4 (crómio III), 11 (crómio II), 15 (crómio I), 18 e 19 (crómio IV), 23 (crómio V), 26 e 27 (crómio VI) em ambas as condições. Estes segmentos estiveram envolvidos em 84,53% das aberrações cromatídicas durante o armazenamento a 50% w.c. (85,46% no início e 83,46% no fim do armazenamento) e em 88,55% das aberrações cromatídicas durante o armazenamento a 20% w.c. (88,74% no início e 88,37% no fim do armazenamento). Este resultado não foi inesperado, uma vez que Rieger e outros (por exemplo, Schubert e Rieger 1977, Rieger et al. 1977, Schubert et al. 1985) descreveram estes segmentos como potenciais "pontos quentes" para aberrações induzidas pela MS e por outros agentes químicos (etanol, citostásia, mitomicina C). Estes pontos quentes foram um fator importante nas nossas experiências, embora os resultados obtidos a 50% e 20% de teor de água tenham tido um efeito oposto na frequência global de aberrações.

Fig. 10. Padrões de distribuição das aberrações cromatídicas induzidas pelo tratamento com MS do

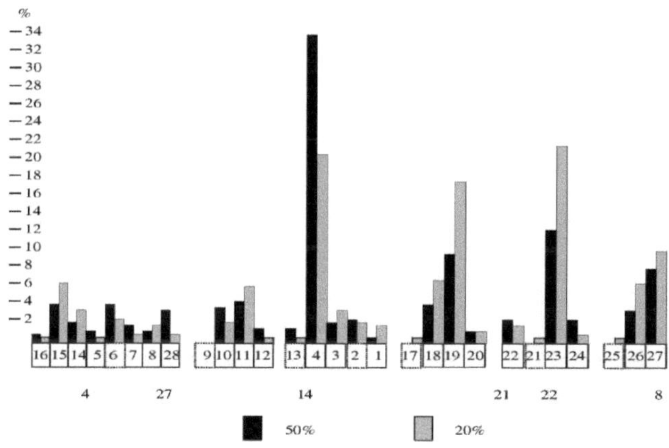

cariótipo ACB de *V. faba* e armazenamento a 50 % ou 20 % de teor de água durante 5 dias

Obtiveram-se resultados inesperados quando o efeito do armazenamento foi comparado separadamente para o teor de água de 50 % e para o teor de água de 20 %, sem ou após um intervalo de armazenamento de cinco dias. Contrariamente aos efeitos do armazenamento na frequência das aberrações cromatídicas, não se verificaram diferenças significativas nos padrões de distribuição das aberrações cromatídicas. Parece que um aumento ou uma diminuição significativa da frequência de aberrações cromatídicas na totalidade das células tratadas não resultou numa alteração da percentagem de aberrações cromatídicas em segmentos cromossómicos específicos destas células (Fig. 11+12). A observação de Schubert et al. (1986) de que a acumulação específica de aberrações no segmento 4 da MH está associada a uma taxa extremamente elevada de quebras isocromáticas foi crucial para as nossas experiências. As nossas observações confirmaram que o segmento 4 é extremamente sensível, uma vez que estava envolvido em 33,91% de todas as aberrações cromatídicas antes do armazenamento a 50% w.c. e em 35,63% das aberrações cromatídicas no final do armazenamento, ou seja, numa média de 34,77% de todas as ACs. Este segmento apresentou igualmente um elevado grau de sensibilidade antes (24,08 % de todas as AC) e após (22,89 % de todas as AC) a armazenagem a 20 % w.c. (média de 23,48 % de todas as AC). O grupo de aberrações específicas da MH no segmento 4 incluía principalmente quebras isocromáticas. Este segmento mostrou uma consistência única durante as nossas experiências. Uma comparação do armazenamento a 50% e a 20% de teor de água mostra uma diferença de 11,29% na contribuição deste segmento para as aberrações cromatídicas. Em experiências separadas a 20% de teor de água, observámos um envolvimento relativamente menor do segmento 4, embora a frequência das aberrações tenha aumentado.

É difícil tirar conclusões sobre este efeito, uma vez que os resultados das experiências com armazenamento a 50 % de teor de água são contraditórios. Como observaram Schubert et al. (1985), as potenciais regiões "hot spot" podem diferir em termos dos tipos de aberrações em que estão preferencialmente envolvidas. A sensibilidade reduzida ou aumentada de um ou mais segmentos individuais de "hot spots" pode ser compensada por outros segmentos; um único segmento de "hot spots" por cromossoma apresenta a expressão mais pronunciada (em termos de agrupamento de aberrações), enquanto a combinação de dois ou mais "hot spots" por cromossoma pode levar a uma supressão mútua ou unilateral da sua sensibilidade mutagénica (Schubert et al., 1985). Rieger et al. (1982) relataram a resposta adaptativa em células meristemáticas após o tratamento com MH-MH e descreveram efeitos semelhantes. O procedimento de tratamento resultou num claro "efeito de sub-aditividade", mas o padrão de distribuição preferencial das aberrações cromatídicas induzidas permaneceu basicamente o mesmo que após o tratamento apenas com a concentração de "desafio". A atividade de reparação do ADN parece desempenhar um papel importante nestes dois protocolos experimentais (efeito de memória e resposta adaptativa). Ambas as condições foram caracterizadas por diferenças significativas na frequência das aberrações cromatídicas ao longo da experiência; no entanto, não se verificaram alterações significativas no padrão de distribuição das aberrações cromatídicas induzidas. A explicação para os resultados obtidos após o tratamento com MH e o subsequente armazenamento a 50 % de teor de água pode ser que, embora os danos no ADN causados pelo efeito do mutagénio não estejam distribuídos aleatoriamente no cariótipo das células danificadas, a reparação desses danos ocorre ao mesmo nível para todos os segmentos cromossómicos, independentemente da sua sensibilidade a um mutagénio específico e do protocolo experimental utilizado. Para o armazenamento a 20 % de teor de água, Velemmsky et al. (1973) consideram as quebras de cadeia simples e/ou os sítios AP como a principal fonte de aberrações cromatídicas. Concluímos que o armazenamento a 20 % de teor de água conduz a um aumento significativo da frequência de aberrações cromatídicas.

O armazenamento a 20% de teor de água conduz a um aumento significativo da frequência de aberrações cromatídicas, sem uma alteração significativa do padrão de distribuição dessas aberrações. Por outras palavras, a produção de novas aberrações devido a alterações nos sítios AP como principal fonte de aberrações cromatídicas em determinadas condições (ou seja, 20% de teor de água) segue o mesmo padrão de distribuição que antes do armazenamento e, em última análise, não tem qualquer efeito no padrão de distribuição resultante dessas aberrações.

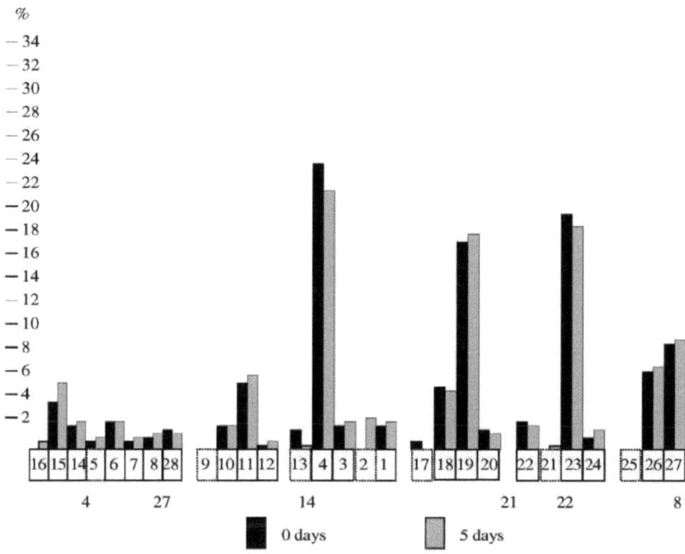

Fig. 11. Padrão de distribuição das aberrações cromatídicas induzidas pelo tratamento com MH do cariótipo ACB de *V. faba* sem e após 5 dias de armazenamento a 50% de teor de água

O armazenamento de sementes a 50% de teor de água após o tratamento com MH das células meristemáticas da ponta da raiz de *V. faba reduz* a frequência de ACs, enquanto o armazenamento a 20% de teor de água leva a um aumento da frequência. Os padrões de distribuição das aberrações cromatídicas que observámos e os dados que obtivemos anteriormente sobre os cariótipos ACB reconstruídos de V. *faba* indicam que, durante o armazenamento, as alterações significativas na frequência das aberrações cromatídicas induzidas não afectam significativamente a percentagem de aberrações cromatídicas em segmentos cromossómicos específicos. Pode dizer-se que, com um teor de água de 50 %, a frequência de células danificadas diminui, mas o padrão de distribuição das aberrações cromatídicas permanece essencialmente o mesmo. O mesmo padrão aplica-se, em sentido inverso, às sementes de *V. faba armazenadas a* um teor de água de 20 %, condição que assegura um aumento proporcional da frequência de células danificadas. Uma vez que o padrão de distribuição das aberrações cromatídicas não foi aleatório, tanto em termos de diminuição como de aumento, os nossos resultados sugerem que, embora os danos no ADN sejam selectivos e alguns segmentos sejam preferencialmente afectados, a reparação deste tipo de danos no ADN não é selectiva para um determinado cromossoma ou segmento cromossómico.

Fig. 12 Padrão de distribuição das aberrações cromatídicas do cariótipo ACB de *V. faba* induzidas pelo tratamento com MS sem e após 5 dias de armazenamento a 20% de teor de água

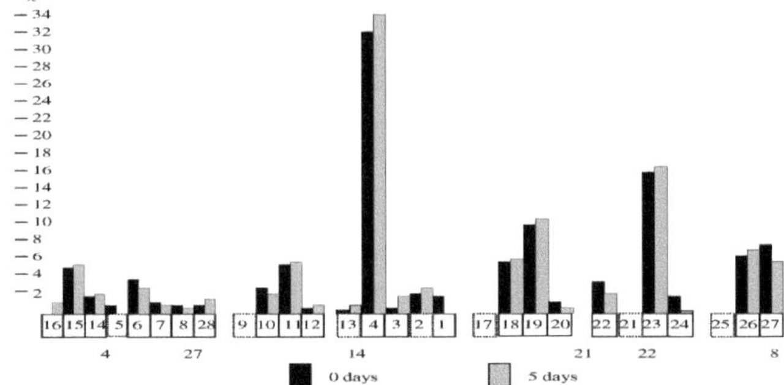

. A ocorrência de síntese de ADN de reparação não programada

O nosso objetivo era confirmar a presença de síntese não programada de ADN (UDS) em populações experimentais nas quais tinham sido encontradas evidências de danos e reparação do ADN sob a forma de SCEs e outras aberrações a nível cromossómico.

Durante as nossas experiências com UDS, testámos novamente o efeito do armazenamento experimental sobre os danos no ADN a nível cromossómico. As sementes foram tratadas com os agentes mutagénicos (MH ou MMS) (5 h), lavadas em água corrente da torneira (2 h) e secas (2 h ou 7 h). Metade da amostra de sementes foi deixada a germinar imediatamente e as raízes foram fixadas em diferentes tempos de recuperação. A outra metade foi deixada a germinar após 14 dias de armazenamento. Foi observada uma diminuição significativa da percentagem de aberrações após o armazenamento. Para as sementes tratadas com MH, a redução média foi de 36,7 ± 3,2 % (= 2,6 % de aberrações por dia de armazenamento) para todos os tempos de recuperação, enquanto que para as sementes tratadas com MMS a redução média foi de 42,0 ± 1,8 % (= 3,0 % de aberrações por dia de armazenamento).

. UDS em raízes tratadas com MH

^{3}As raízes cultivadas durante 80 horas foram tratadas com 0,6 mM MH (5 horas), lavadas (2 horas) e expostas a H-TdR durante períodos adicionais de duas horas às 7, 24 e 32 horas após o início do tratamento. ^{3}Uma vez que a síntese de ADN replicativo foi suprimida pela HU, foi levantada a hipótese de o aumento da incorporação de H-TdrR no ADN nuclear (determinado por microautoradiografia) ser uma consequência da síntese de ADN não programada induzida pelo mutagénio. ^{3}Uma incorporação significativamente maior de H-TdrR no DNA de raízes tratadas com MH ocorreu sete horas após a exposição ao MH. O elevado número de grãos de prata por núcleo observado imediatamente após o tratamento diminuiu para um nível controlado após 24 horas, mas a percentagem de núcleos marcados ainda era de 9%. Dentro de 32 horas, não foi possível detetar quaisquer diferenças na frequência dos grãos em comparação com o grupo de controlo (Tabela 24). Assim, em raízes em crescimento, a UDS parece ocorrer até 24 horas após o tratamento com MH.

Table 24. UDS em raízes em crescimento (80 h), tratadas com 0,6 mM MH (5 h) e lavadas durante 2 h

Time after onset of MH treatment (h)	Silver grains per nucleus		% labelled cells after MH treatment
	Control	MH-treatment	
7	4.90±0.7	16.9±1.1	54.9±3.1
24	3.00±0.4	3.60±2.2	9.00±6.7
32	1.90±0.5	2.30±0.2	0.00±0.0

[3]Os dados mostram a incorporação de H-TdR no ADN nuclear em diferentes momentos após o início do tratamento com MH. [3]A HU foi administrada 2 horas antes e durante a marcação com H-TdR (2 horas). Os resultados são apresentados como valores médios + SEM.

. UDS após armazenamento com 50% de teor de água das sementes tratadas com MH

[3]Após tratamento com MH (0,6 mM, 5 h) e lavagem (2 h) das sementes não germinadas, metade da amostra de sementes foi marcada com H-TdR, a outra metade foi seca até 50 % de teor de água e armazenada durante 7 dias. Após o armazenamento, as sementes foram embebidas em água destilada durante 24 horas e, em seguida, marcadas da mesma forma descrita acima. Ao contrário das raízes em crescimento, o teor de UDS nas células embrionárias das sementes era ainda bastante elevado após o armazenamento e 24 horas de germinação (ver Tab. 24 - 25). O teor de UDS no ADN dos embriões armazenados era tão elevado como antes do armazenamento. Apenas a percentagem de núcleos marcados foi cerca de duas vezes mais baixa após o armazenamento (ver Quadro 25).

Table 25. Influência do armazenamento a 50 % de teor de água na UDS no ADN de sementes tratadas com MH

Storage (days)	Silver grains per nucleus		% labelled cells after MH treatment
	Control	MH-treatment	
0	3.2±0.3	9.6±0.5	26.2±7.5
7	3.3±0.2	10.5±0.4	12.2±3.1

[3]Os dados mostram a incorporação de H-TdR no ADN nuclear antes e após 7 dias de armazenamento. Os resultados são apresentados como valores médios + SEM.

Isto pode indicar que a reparação por excisão é contínua durante o armazenamento de sementes tratadas com MH a 50 % de teor de água e que esta reparação já está concluída em algumas células após 7 dias.

UDS durante o armazenamento com 50% de teor de água das sementes tratadas com MMS

[3]A marcação com H-TdR foi efectuada imediatamente após o tratamento com MMS e a lavagem (a), após a re-secagem até 50 % de teor de água (b) ou após 3, 5, 7 e 14 dias de armazenamento. [3]As amostras secas e armazenadas foram expostas a H-TdR após imersão durante 7 horas (o mesmo intervalo que para a amostra a). [3]Não se observaram diferenças significativas na incorporação de H-TdR no ADN entre as amostras antes (a) e depois (b) da ressecagem. [3]Nas amostras armazenadas, a incorporação de H-TdR no ADN nuclear das sementes tratadas com MMS foi detectada de forma consistente, medida pelo número de grãos de prata por núcleo e pela percentagem de núcleos marcados (ver quadro 26).

Table 26. Influência do armazenamento a 50 % de teor de água na UDS no ADN de sementes tratadas

Storage (days)	Silver grains per nucleus		% labelled cells after MH treatment
	Control	MH-treatment	
0a	3.30±1.0	12.4±1.1	31.1± 2.3
0b	2.10±0.6	11.4±0.7	39.4± 4.4
3	1.60±0.3	10.1±0.2	45.1± 7.2
5	3.70±0.7	12.7±0.7	39.8± 4.7
7	1.20±0.0	9.60±1.2	32.6± 4.0
14	2.40±0.2	8.30±0.7	37.1±12.3

com MMS

[3]Os dados mostram a incorporação de H-TdR no ADN nuclear antes e após 7 dias de armazenamento. Os resultados são apresentados como valores médios + SEM.

[3]O armazenamento de sementes *de V.* faba saturadas com 50% de água expostas a MH ou MMS durante três a catorze dias resultou na recuperação de danos cromossómicos induzidos por mutagénicos e numa incorporação significativamente maior de H-TdrR no ADN nuclear.

Este resultado apoia a hipótese de que a recuperação dos danos cromossómicos induzidos por MH e MMS é mediada pela reparação por excisão durante o armazenamento das sementes.

. **Micro-autoradiografia**

A maior incorporação de timidina tritiada, necessária para a síntese não programada de ADN após o tratamento mutagénico das *sementes de V. faba,* é considerada uma prova de reparação do ADN. Realizámos experiências para investigar se esta maior incorporação se encontra preferencialmente e não aleatoriamente na parte das sementes de V. faba tratadas com mutagénico com uma população significativa de células em divisão (hipocótilo) em comparação com a parte principal ocupada por tecido de armazenamento nos cotilédones. Em suma, o nosso interesse centrou-se na questão de saber se o consumo de timidina tritiada da solução administrada para a imbibição de sementes tratadas com mutagénicos (6 mM MMS) é indubitavelmente causado pela incorporação de timidina tritiada em células em divisão, onde se poderia esperar a reparação do ADN. °Para o efeito, imbuímos as células tratadas com mutagénico numa solução de timidina tritiada (185 kBq/ml) durante 12 horas (incluindo 4 horas de tratamento com MH), depois cortámo-las ao meio e colocámos uma metade da semente numa película de decapagem (Kodak AR 10) durante 7 dias a 4 °C no escuro. [44]A película de stripping foi então revelada e foi feito um "retrato" da distribuição da timidina tritiada (Munn e Micieta 2002). [2]Este "retrato" mostrou que a timidina tritiada não estava distribuída ao acaso nas células em divisão e que a quantidade de grãos de prata contados por 100 g nesta zona era significativamente mais elevada do que noutras partes das sementes correspondentes ao tecido de armazenamento. (Tab. 27.)

Table 27. Soma das medições microautoradiográficas das sementes autoradiográficas "retratos"

°As sementes tratadas com agentes mutagénicos (6 mM MMS) foram imersas numa solução de timidina tritiada (185 kBq/mml) durante 12 horas (incluindo 4 horas de tratamento com HU), depois cortadas ao

Recovery times (h)	No. of silver grains per 100 μm			
	Mutagen treatment		Control	
	hypocotyl	rest of cotyledon	hypocotyl	rest of cotyledon
40	n. e.	n. e.	133.3±6.54	0
140	133.3±8.02	74.16±7.00	113.3±4.40	0
180	178.3±8.20	113.30±5.27	n. e.	n. e.
240	147.7±3.35	111.60±4.94	95.0±4.83	0

meio e uma metade das sementes foi colocada numa película destacável durante 7 dias a 4 C no escuro.

Efeitos no envelhecimento

. Danos na estrutura e reprodução dos cromossomas em sementes envelhecidas de *V. faba* L.

Efeitos fundamentais do envelhecimento na frequência das aberrações cromossómicas

Para comparar os efeitos do envelhecimento sobre a frequência das aberrações cromossómicas, foi necessário testar primeiro a frequência espontânea das aberrações nas sementes mais jovens (0-1 ano) (quadro 28).

Quadro 28 Taxa de aberração das sementes anuais

Evaluated anaphases	F	B	F-B	Aberration (%)
100	0	0	1	1%
50	0	0	0	0%
50	1	0	0	2%
100	1	2	0	3%
100	0	0	0	0%
100	0	0	0	0%
		Total		
500	2	2	1	1%

No primeiro grupo de teste, os sintomas de envelhecimento foram examinados com base na taxa de germinação, na capacidade de crescimento e na ocorrência de aberrações cromossómicas nas células da ponta da raiz (Tab. 29 - 30).

Quadro 29: Germinação e crescimento radicular de sementes de favas velhas

Age of seeds	Germinated seeds	Mean root length after 96h
(years)	(%)	(mm)
1	88	39.9 $\pm$ 1.7
4	56	17.6 $\pm$ 1.8
7	40	17.0 $\pm$ 2.8
9	0	0.00 $\pm$ 0.0

Quadro 30: Frequência de aberrações cromossómicas em sementes de fava com 1, 4 e 7 anos

Age of seeds					Aberration
(years)	n	F	B	FB	percent
1	500	2	2	1	1.00 ± 0.49
4	500	16	7	2	5.00 ± 1.26
7	500	15	6	9	6.00 ± 1.16
9	n.e.	n.e.	n.e.	n.e.	n.e.

A viabilidade limitada das sementes de feijão mais velhas foi observada nas sementes da colheita de 1974. As sementes com sete anos de idade continuaram a apresentar uma taxa de germinação de 40%, mas dois anos mais tarde nenhuma das sementes do mesmo conjunto tinha germinado. Da mesma forma, na nossa experiência não publicada, as sementes de 1971 da cv. Prerovsky não germinaram em 1982, mesmo após o tratamento com giberelina.

O mesmo conjunto de sementes velhas foi posteriormente analisado com uma colheita diferente e não foram observadas diferenças importantes na germinação e na taxa de crescimento radicular e apenas diferenças insignificantes na frequência de aberrações cromossómicas quando comparadas com os resultados dos Quadros 29 e 30. Podemos também confirmar os efeitos do envelhecimento (ver Quadro 31). Mais importante ainda, as mesmas amostras de sementes foram analisadas novamente um ano mais tarde, ou seja, com sementes de 2, 5 e 8 anos de idade. Foram encontradas pequenas diferenças em todos os parâmetros, especialmente na viabilidade das sementes (quadro 31).

Age of seeds (years)	Germinated seeds (%)	Mean root length (mm)	Aberrations (%)
1	93	29.9 ± 1.5	1.00 ± 0.6
4	79	22.6 ± 0.9	3.10 ± 1.4
7	64	17.0 ± 2.1	5.60 ± 0.4
2	89	27.9 ± 1.7	2.10 ± 0.5
5	74	21.6 ± 1.8	4.30 ± 1.3
8	61	16.0 ± 2.8	6.40 ± 1.2

Quadro 31: Germinação, taxa de crescimento radicular e frequência de aberrações cromossómicas em sementes de feijao de diferentes idades após 96 h de germinação (número de células analisadas = mín. 300 por amostra, máx. 100 por lâmina. Os resultados são apresentadoscomo valores médios + SEM. A germinação e o crescimento radicular reduzidos que observámos são semelhantes aos dados compilados noutros locais (por exemplo, Cebrat 1977); no entanto, a variabilidade individual das nossas amostras experimentais desempenhou um papel tão importante nesta tendência que as diferenças na taxa de crescimento e na frequência das aberrações cromossómicas não foram

significativas nas sementes com quatro e sete anos de idade. Foram observadas diferenças significativas no envelhecimento entre sementes de sete anos de diferentes espécies: o género *Vicia*, nomeadamente *V. faba L.* cv. Inovec, e *V. sativa L.* cv. V^gΓasska hneda (ver Quadro 32). *A V. faba revelou-se* consideravelmente mais sensível ao envelhecimento do que a *V. sativa L.*, pelo que foi preferida para investigações posteriores.

Quadro 32: Frequência de aberrações cromossómicas em duas espécies de Vicia

As experiências descritas acima indicam que os efeitos do envelhecimento sobre as sementes são muito diferentes, embora tenhamos tendência a supor que isso não altera a tendência básica do efeito do armazenamento (Tab. 33).

Quadro 33: Germinação, taxa de crescimento radicular e frequência de aberrações cromossómicas em sementes velhas de feijão colhidas em 1980, 1981 e 1990 (analisadas em 1992)

Age of	72 h		Recovery time		96 h	
seeds	G (%)	L (mm)	Ab (%)	G (%)	L (mm)	Ab (%)
2	92.0	29.0	1.5	95.0	52.0	0.3
11	77.6	20.8	3.0	83.0	36.6	1.0
12	48.9	10.2	8.5	48.0	17.9	1.0

Abreviatura = G - sementes germinadas, L - comprimento médio da raiz, Ab - aberrações

Uma comparação das amostras de sementes mais velhas (9 e 10 anos) com as mais novas (0 anos) mostrou que o envelhecimento teve uma influência significativa na germinação e na taxa de crescimento radicular das plântulas (ver Quadro 34).

Quadro 34: Germinação, taxa de crescimento radicular e frequência de aberrações cromossómicas nas sementes de fava mais jovens e mais velhas após 72 horas de germinação. Número de células analisadas = min. 300 por lâmina, max. 100 por amostra. Os resultados são apresentados como valores médios + SEM.

Species		Germination				Aberration
	n	rate	F	B	FB	percent
V. sativa	500	72.8%	2	0	0	0.4 ± 0.21
V. faba	500	40.0%	26	8	2	7.2 ± 1.34

Age of seeds					Number of	
(years)	G (%)	L (mm)	Ab (%)	F	B	F + B
0	92	29.00 ± 0.5	1.60 ± 0.2	3	2	0
9	53	12.80 ± 0.7	7.70 ± 1.0	12	6	5
10	48	10.20 ± 1.2	8.90 ± 2.1	16	8	7

No entanto, a frequência de aberrações cromossómicas em plântulas cultivadas a partir de sementes envelhecidas não foi tão elevada como esperado, embora se tenham observado danos cromossómicos crescentes. Resumindo todos os nossos resultados até agora, podemos confirmar a nossa descoberta anterior de que o envelhecimento tem um efeito mais forte a nível fisiológico do que a nível genético.

Manifestação do envelhecimento do sémen

faba L. são utilizadas há décadas como modelo experimental em laboratórios de citologia. As propriedades biológicas deste género são bem conhecidas, pelo menos o suficiente para quase todas as experiências. No entanto, a nossa confiança levou-nos a não prestar atenção suficiente ao fenómeno do escurecimento das sementes armazenadas durante muito tempo, que ocorre frequentemente na prática laboratorial. No entanto, após uma análise mais atenta, este fenómeno teve implicações surpreendentes para a nossa investigação.

Na nossa primeira experiência, examinámos as cores claras e escuras das sementes em relação aos anos em que foram colhidas. Só foram avaliadas as sementes com nuances claras de cor; as sementes com cores intermédias foram excluídas da avaliação final. O Quadro 35 e a Fig. 13 mostram o escurecimento progressivo das sementes ao longo de 11 anos, sendo que as sementes colhidas em 1982 e 1971 apresentam as cores mais claras e mais escuras, respetivamente.

Quadro 35: Proporção de sementes de cor escura e clara durante o processo de envelhecimento

Harvest, year and cultivar	Proportion and colour type of seeds		No. of seeds examined	No. and colour type of seeds excluded
	light	Dark		
1982, ACB	100%; ACB	0.00%	32	0
1981, Inovec	68.78%; A-B	12.14%; G-H	173	33; E, F
1980, Inovec	25.80%; B-C	20.00%; Q, R, S	155	84; F, G, H
1979, Inovec	17.05%; B-C	65.88%; Q, R, S	129	22; G, H
1978, Inovec	11.46%; C-E	71.97%; Q, R, S	157	26; L, M
1977, Inovec	5.48%; A, B, C	70.54%; R, S, T	146	35; E, F, G
1976, Inovec	5.71%; C-E	86.28%; S, T	175	14; F, G
1975, ACB	7.05%; A-C	85.47%; R, S, T	241	17; K-L
1971, Přerovský	0.00%	100%; U	211	0

Fig. 13 Proporção (%; ordenada) de sementes de cor clara e de cor escura nas diferentes colheitas (abcissa)

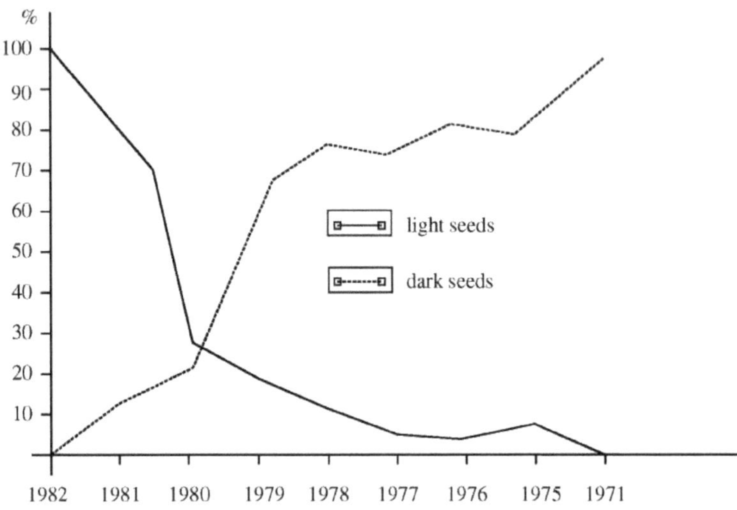

°Num conjunto de sementes com sete anos de idade (colhidas em 1975) do cariótipo remodelado ACB, armazenadas a 4 C em vez de à temperatura ambiente, observou-se um ligeiro desvio da tendência de escurecimento gradual. A proporção mais elevada de sementes viáveis e, por conseguinte, a melhor taxa de germinação destas sementes confirmaram a correlação entre o envelhecimento das sementes e as condições de armazenamento afirmada por Cartledge e Blackslee (1934) e Michailov e Korytova (1971). Notámos com interesse a perda completa da viabilidade das sementes de 9 anos da cv. Prerovsky e a sua cor uniformemente escura (uma das mais escuras na escala de cores - "U"). Confirmámos esta observação numa experiência posterior, na qual as sementes de 7 anos da cv. Inovec tiveram uma taxa de germinação de 40%. Após 9 anos de armazenamento à temperatura ambiente, estas sementes tinham perdido completamente a sua capacidade de germinação e apresentavam o mesmo tipo de cor ("U") que as sementes da cv.

Esta constatação é tanto mais importante quanto contradiz as diferenças repetidamente comprovadas na taxa de aberração das células em sementes de diferentes idades e o aumento da taxa de aberração no decurso do envelhecimento (Navaschin 1933, Stube 1935, Nichols 1942, D'amato 1951, Munn 1961, Avanzi et al. 1969, Sevov et al. 1973, Cebrat, 1977 Munn 1988). A comparação dos dados apresentados nos quadros 33 a 35 confirma esta conclusão no que diz respeito à viabilidade das sementes e aos danos cromossómicos nas células das pontas das raízes (ver quadro 31). Estes resultados repetidamente confirmados chamam a nossa atenção do simples escurecimento das sementes para o princípio da senescência como um fenómeno geral que tem sido estudado experimentalmente com sementes de plantas há mais de meio século. Os nossos resultados confirmam a conclusão teórica de Strehler (1962) sobre o envelhecimento intraespecífico, mais tarde discutida por D'Amato (1964): "O processo de envelhecimento não parece ser caraterístico de uma espécie ou de uma linhagem genética, mas sim do indivíduo representante de uma espécie...". No caso em apreço, os sinais externos de redução da viabilidade (escurecimento) foram evidentes em sementes da mesma cor escura ou clara, independentemente da sua idade, com consequências quase correspondentes em termos de danos genéticos e fisiológicos. As diferenças observadas entre as colheitas de sementes inteiras (que não podem ser reconhecidas nas sementes individuais) poderiam assim ser explicadas por uma proporção decrescente de sementes viáveis e um número crescente de sementes menos viáveis (mais escuras) no mesmo conjunto, em consequência do envelhecimento. Em *V. faba,* este processo pode ser seguido desde uma proporção de 100% de sementes claras no grupo mais jovem de sementes com um ano de idade (com a taxa de germinação mais elevada e a taxa de aberrações mais baixa) até à morte completa de um grupo de sementes após 9 anos de armazenamento, quando a proporção de sementes escuras atingiu 100%.

Floris e Anguillesi (1974) deram um importante contributo para a compreensão desta expressão externa do estado interno das sementes de fava, quando relataram várias alterações bioquímicas e funcionais em sementes envelhecidas. No decurso do envelhecimento, enzimas como a catalase, a peroxidase, a citocromo oxidase e a descarboxilase apresentam uma atividade reduzida, enquanto a capacidade de síntese proteica das sementes mais velhas se perde no processo de germinação. Ao mesmo tempo, a permeabilidade da membrana aumenta, resultando numa menor quantidade de açúcar e de outros produtos metabólicos. Esta última constatação pode ser de particular importância para a resolução deste problema. Uma vez que a respiração é o fenómeno mais pronunciado das sementes armazenadas, deve também ser tida em conta. Rieger e Michaelis (1959) verificaram que as sementes *de V. faba* são susceptíveis aos efeitos do etanol ou de outros "automutagénicos" que se podem acumular durante a respiração das sementes armazenadas durante longos períodos de tempo. Bewley e Black (1982, 1994) investigaram as relações entre a cor do revestimento das sementes, a dormência e a germinação do trigo, que são influenciadas pelo teor de inibidores (catequinas e seus derivados) no revestimento das sementes.

Para além das ramificações teóricas das nossas experiências, o nosso trabalho pode também ter implicações práticas para os métodos de armazenamento de sementes nos bancos de sementes de todo o mundo. O teste regular da viabilidade das sementes através da observação da germinação leva a perdas irreversíveis das sementes armazenadas, enquanto que um simples teste visual baseado na cor das sementes daria a mesma resposta sem perda de material. Além disso, esse teste poderia ser efectuado em ampolas seladas para que as condições de armazenamento no banco de sementes não fossem afectadas.

O envelhecimento e o ciclo mitótico

O ciclo mitótico desempenhou um papel importante na manifestação dos processos de envelhecimento nas células das pontas das raízes. No entanto, podemos comparar os nossos resultados principalmente com experiências que utilizam agentes danificadores do ADN que podem encurtar (de acordo com Giese 1947, Sachsenmaier et al. 1970) ou prolongar o ciclo celular, dependendo do agente utilizado, da dose e do tipo de célula. Os atrasos do ciclo celular são, de longe, a reação mais frequentemente observada a danos no ADN.

De acordo com Rowley (1998), os atrasos do ciclo celular podem ser classificados em termos gerais em respostas activas e passivas. As respostas activas são agora geralmente reconhecidas como atrasos mediados pelo controlo dos pontos de controlo (Weinert e Hartwell 1988, Jeggo 1998a) e representam um esforço da célula para melhorar as suas hipóteses de sobreviver aos danos no ADN. Por exemplo, pensa-se que o atraso G2 induzido pela radiação permite que a célula ganhe tempo para reparar os danos cromossómicos antes de tentar a segregação cromossómica, arriscando assim a morte ou a perda de fragmentos cromossómicos descentrados. As respostas passivas reflectem intervenções mecânicas no funcionamento normal das células (Hartwell e Weinert 1989). Por vezes, é difícil distinguir entre as duas, mas a existência de mutantes dos pontos de controlo é um diagnóstico. Antes da identificação dos mutantes com defeito nos pontos de controlo, as correlações entre a redução dos atrasos do ciclo celular e o aumento da sensibilidade à morte, por exemplo, após o tratamento com cafeína de células irradiadas, levaram à mesma conclusão: que os atrasos dão tempo para a reparação de danos potencialmente letais (Busse et al. 1978). Nos mutantes sensíveis a danos no ADN que conduzem à morte ou à mutação, pode também ser difícil determinar se o defeito primário está na reparação dos danos no ADN *per se* ou na perda do atraso mediado pelo ponto de controlo que dá tempo para essa reparação. O defeito resulta provavelmente da perda de uma função de controlo do ponto de controlo quando o aumento da sensibilidade à morte ou à mutação é atenuado pela imposição artificial de um tempo de atraso. Por exemplo, o mutante rad9 do ponto de controlo da levedura em brotamento, radiossensível, pode tornar-se radiorresistente suspendendo temporariamente o desenvolvimento celular após irradiação com metilbenzimid-2-il carbamato, um inibidor da polimerização dos microtúbulos (Woloschak et al. 1990). Assim, *a rad9* é reparável mas defeituosa no ponto de controlo. Os atrasos do ciclo celular causados por danos no ADN são observados em todas as fases da interfase e da mitose (Rowley, 1998). Os resultados das nossas experiências são apresentados a seguir.

O ciclo mitótico das sementes antigas e a sua manifestação nas aberrações cromossómicas

A primeira experiência desta série baseou-se no pressuposto de que, num grupo de sementes da mesma idade, a primeira mitose ocorre nas células das sementes mais vigorosas (Tab.

Tabela 36: Frequência de aberrações cromossómicas em sementes de feijão de 5 anos com diferentes datas de germinação

Time of Germination	n	F	B	FB	Aberration percent
56 h	500	12	12	7	3.1 ± 0.56
72 h	500	47	17	10	7.4 ± 1.28
96 h	500	48	15	18	8.1 ± 1.72

Os nossos resultados mostraram que a frequência de aberrações cromossómicas nas células das pontas das raízes aumentou concomitantemente com um atraso no início da germinação das sementes, embora a diferença entre os valores após 72 e 96 h de germinação não tenha sido significativa. Na experiência seguinte, germinámos sementes de sete anos com cariótipo ACB rearranjado e analisámos as pontas das raízes continuamente durante 96 h, o que confirmou a correlação com o envelhecimento de que suspeitávamos (ver Quadro 37).

Tabela 37: Aberrações cromossómicas em sementes de feijão de 7 anos com diferentes datas de germinação

Root length					Aberrations
cm	n	F	B	FB	%
3	1000	10	16	1	2.7 ± 0.77
1	700	19	15	1	5.0 ± 1.11

Com base em descobertas anteriores, um grande número de sementes foi analisad o quanto a variações nos ciclos mitóticos e na taxa de aberrações cromossómicas. Após 96 horas de germinação em serradura humedecida, foram retiradas 77 raízes de sementes com cinco anos de idade e foram analisadas 6.750 anáfases nas células das pontas das raízes. As figuras 14-16 mostram a gama de variação nas sementes que analisámos. A frequência de aberrações cromossómicas idênticas entre estas sementes é interessante: A taxa de aberrações para todo o grupo foi de 3,2% (+0,67), enquanto 84,4% das sementes apresentaram uma frequência de aberrações de até 4%. As sementes com uma frequência de aberrações de 1% constituem o grupo mais numeroso (19 sementes), que excede em apenas uma unidade o grupo sem aberrações (18 sementes). Na Fig. 14, à esquerda do eixo vertical, está representado um grupo de sementes em cujas pontas das raízes não se observou qualquer atividade mitótica.

A Fig. 15 ilustra o grau de multiplicação, a velocidade de crescimento celular e a frequência das aberrações cromossómicas. As plântulas com raízes de 7 mm apresentaram frequências extremas de aberrações (desde 41% até ao valor mais baixo). É interessante notar que foram observadas diferenças claras entre os valores mínimos e máximos das taxas de crescimento e de aberrações (7-72 mm, 0-41 %), bem como uma acumulação de frequências de aberrações a níveis baixos (até 4 %), enquanto a distribuição do comprimento das raízes das plântulas com estes valores extremos não apresentava extremos.

Fig. 14 Correlação entre a germinação e a frequência de aberrações cromossómicas

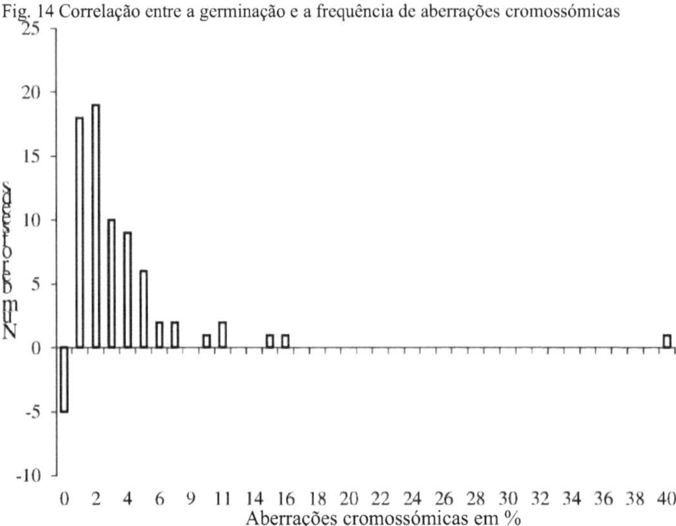

O crescimento de cada raiz em tempo constante depende da taxa de alongamento das células, do início da primeira mitose e do número de mitoses subsequentes que as células da raiz sofrem. As raízes mais longas que estudámos apresentavam uma frequência muito baixa de aberrações cromossómicas, ao passo que as raízes mais curtas, que sofriam menos ciclos mitóticos, apresentavam uma taxa mais elevada de aberrações. Coloca-se, portanto, a questão de saber se a frequência de aberrações cromossómicas diminui efetivamente no decurso do 2º e 3º ciclo mitótico. Os valores que obtivemos para o comprimento das raízes deram-nos uma indicação do número de ciclos mitóticos a que cada plântula foi submetida; posteriormente, pudemos obter informações a partir de sementes anuais de feijão-frade através de medições regulares dos incrementos radiculares durante um intervalo conhecido (cerca de 12 h) do ciclo mitótico em *V. faba* (Munn 1964). No entanto, pode ser influenciado por factores endógenos e exógenos, tal como referido por Munn A. (1987). Interessava-nos saber qual a influência do envelhecimento na duração do ciclo mitótico neste modelo de planta.

A intervalos regulares, analisámos a frequência de aberrações nas raízes de todas as plântulas de um determinado ciclo mitótico (ver figura 16); isto permitiu-nos confirmar a frequência reduzida de aberrações cromossómicas nos ciclos mitóticos subsequentes (de 12 para 1 %). Em contraste com os dados relatados noutros locais (Dubinin et al., 1965), verificámos que a frequência de aberrações nas raízes no primeiro ciclo mitótico era tão heterogénea que uma comparação com a frequência de aberrações nas raízes no segundo ciclo mitótico não era significativa.

Fig. 15 Correlação entre o comprimento da raiz e a frequência de aberrações cromossómicas

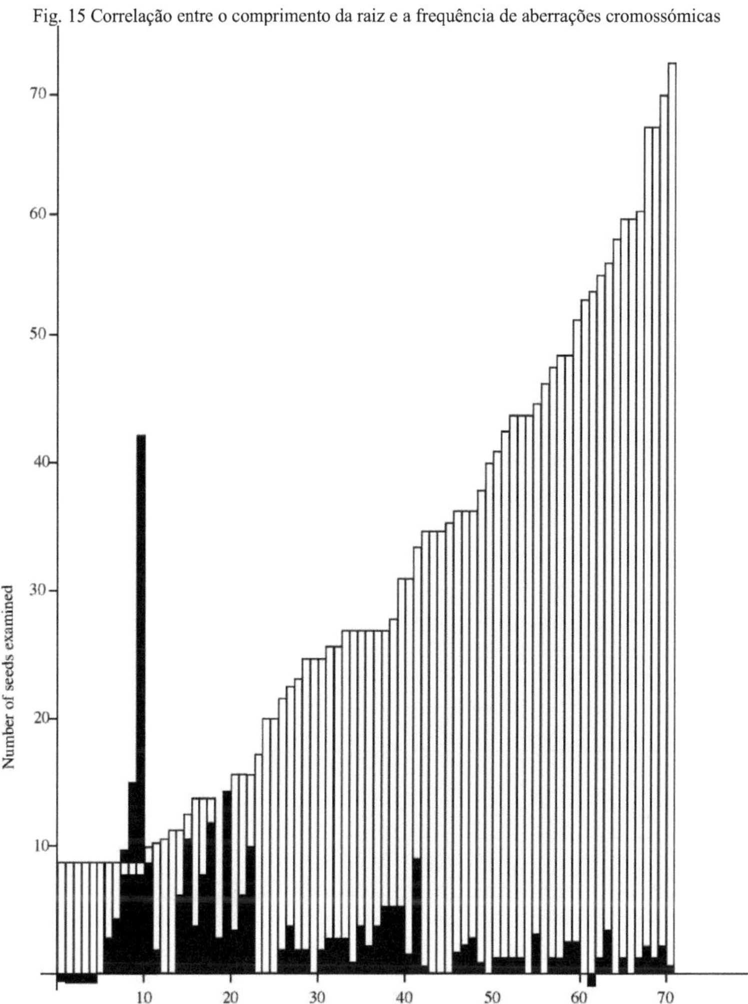

Fig. 16 Correlação entre ciclos mitóticos e frequência de aberrações cromossómicas

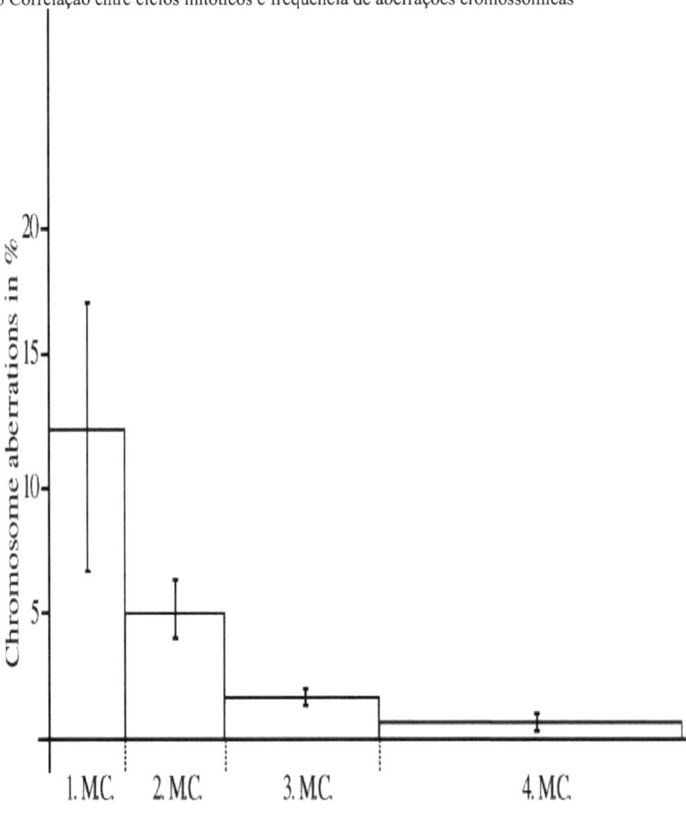

Efeitos do envelhecimento na duração dos ciclos mitóticos

As experiências acima descritas sublinham a importância dos ciclos mitóticos subsequentes para a frequência das aberrações cromossómicas no sémen envelhecido. Por isso, era importante determinar se a duração do próprio ciclo mitótico se altera. Os resultados que obtivemos (ver Tabela 38) estão de acordo com as conclusões de alguns outros autores.

Quadro 38: Medição da duração do ciclo mitótico em sementes de fava de diferentes idades

Time after treatment	c – metaphases per thousand	
Five years old seeds	2n = diploid	4n = tetraploid
0.5 h	26.6 ± 2.5	n.d.
12.0 h	n.d.	2.6 ± 0.0
14.0 h	n.d.	7.0 ± 2.9
16.0 h	n.d.	28.2 ± 7.5

Duração do ciclo mitótico:
em sementes de cinco anos - 15 h 21 min (resultados apresentados)
em sementes anuais - 12 h 23 min (Munn, 1964)

Time after treatment	c – metaphases per thousand	
Seven years old seeds of ACB karyotype	2n = diploid	4n = tetraploid
0.5 h	25.5 ± 2.6	n.d.
12.0 h	n.d.	6.1 ± 2.3
14.0 h	n.d.	17.3 ± 2.3
16.0 h	n.d.	29.4 ± 6.2
18.0 h	n.d.	90.4 ± 10.0

Duração do ciclo mitótico:
em sementes com sete anos - 14 h 51 min (resultados apresentados) em sementes com um ano - 12-13 h (Meister, Schubert 1977)

Por exemplo, Tagliasacchi e Vocaturo (1977) observaram uma diferença na duração do ciclo mitótico entre sementes com 10 (18 h 56 min) e 2 anos de idade (16 h 25 min) em *Triticum durum* cv. Capelli. Também confirmámos a constatação de vários autores (Cartledge e Blakeslee 1935, D'Amato 1965, Michailov e Korytova 1977) de que a viabilidade das sementes depende das condições de armazenamento. As sementes do cariótipo ACB foram obtidas no Instituto de Botânica Experimental de Praga, onde foram armazenadas no frio. Isto resultou numa taxa de germinação mais elevada, numa menor frequência de aberrações cromossómicas e numa viabilidade relativamente elevada.
°A continuação do ciclo mitótico é mais curta (cf. Meinster e Schubert 1977) do que a de outras sementes mantidas a uma temperatura média de 20 C no laboratório.

. Envelhecimento e/ou rejuvenescimento artificial

Como já sabemos pelos nossos muitos anos de experiência com este modelo de planta, é possível conseguir ambos - envelhecimento artificial (Munn, G. 1991) e/ou rejuvenescimento (Munn, G. 1992). Os relatórios iniciais aqui mencionados desencadearam outras experiências.

Envelhecimento artificial

O aumento da taxa de aberrações durante o envelhecimento foi registado com base em resultados obtidos com sementes de plantas (Navaschin 1933, Stube 1935, Nichols 1942, D'amato 1951, Murin 1961, Sevov et al. 1973, Cebrat 1977, Munn 1988, Micieta 1993). Foi também demonstrada a relação entre o envelhecimento das sementes e o modo de armazenamento (Cartledge e Blakeslee 1934, Avanzi et al. 1969, Michailov e Korytova 1971). Do mesmo modo, Murata et al. (1980, 1981, 1982, 1984) apresentaram resultados sobre o envelhecimento artificial com base em experiências com cevada (*H. vulgare L.*). Foi observado que o atraso e a redução da germinação das sementes estavam associados a um aumento da frequência de anáfases aberrantes nas raízes (Murata et al. 1981). Ao mesmo tempo, Velemmsky e Gichner relataram numa série de experiências (para uma visão geral ver Mclennan 1987) que diferentes teores de água nas sementes de cevada têm uma influência significativa nos danos cromossómicos induzidos por mutagénicos e na viabilidade destas sementes. °Por exemplo, os danos genéticos das sementes de cevada tratadas com agentes alquilantes aumentaram significativamente após sete ou 14 dias de armazenamento a 15 % de teor de água e a uma temperatura de 25 C (Velemmsky et al. 1973). Velemmsky e Gichner e os seus colaboradores também se interessaram pelas alterações nas lesões do ADN (Zadrazil et al. 1974), pela ocorrência de endonucleases específicas (Velemmsky et al. 1977) e pelo grau de respiração (Svachulova et al., 1973) nas sementes de cevada durante o seu armazenamento experimental. Graças ao facto de este estudo exaustivo ter durado mais de dez anos, dispomos de uma base prática e teórica suficiente para explicar os danos causados pelo armazenamento experimental de sementes com um determinado teor de água. As conclusões das experiências acima mencionadas inspiraram as nossas próprias experiências com

sementes de *V.* faba. Os danos de base resultantes do tratamento mutagénico utilizado por Velemmsky e Gichner foram substituídos por danos de base resultantes do envelhecimento natural das sementes. Os métodos utilizados para avaliar estes danos foram efectuados de acordo com os de Murata et al. (1982).

As mudanças genéticas são induzidas por deterioração fisiológica ou bioquímica durante a senescência da semente, quando vários tipos de mudanças metabólicas ocorrem na respiração, pool de enzimas, reservas de alimentos, membranas e taxas sintéticas (Abdul-Baki e Anderson 1972, Roberts 1973). Esses fatores também tendem a diminuir a atividade da DNA polimerase, enquanto a atividade das DNAses tem sido relatada em sementes velhas (Cheach e Osborne 1978, Yamaguchi et al. 1978). A redução da atividade das enzimas de reparação do ADN, como a ADN polimerase, também é provável (Murata et al. 1982). Consequentemente, a manifestação crucial deste dano é encontrada na fase G-1 do primeiro ciclo mitótico imediatamente após a embebição da semente. Esta "janela temporal" varia consoante a espécie vegetal - 10-13 h para a cevada, 18 h para o algodão, 22 h para as ervilhas, 40 h para o tomate e 52-60 h para o arroz (cf. Osborne et al. 1984). No milho, as células não atingem a primeira fase S antes de 36 horas após a germinação (Dandoy et al. 1987). No feijão, a incorporação maciça de 3

A H-timidina foi detectada após 16 horas (Sykorova 1984) ou 18 horas (Angelis et al. 1986). De acordo com Jakob e Bovey (1969), as células da fava começam a sintetizar ADN entre 15 e 20 horas ou entre 20 e 24 horas (Davidson 1966), e uma frequência mitótica elevada só foi observada após 49 horas (Jakob e Bovey 1969). De acordo com Thomas e Davidson (1981), as células da fava iniciam a mitose no mínimo 50-70 horas após a imersão. Este intervalo pode ser alargado de horas para dias, alterando experimentalmente o teor de água. Com um teor de água muito baixo, as sementes apresentam uma atividade bioquímica limitada, embora sejam possíveis reacções de luz e alguns processos oxidativos. Quanto maior o teor de água, mais reacções enzimáticas ocorrem (Vertucci 1989). Por exemplo, Gorecki et al. (1992) verificaram um aumento da produção de acetaldeído e de etanol em sementes de ervilha e de ervilha forrageira envelhecidas artificialmente. Já citámos Rieger e Michaelis (1959) que o etanol e outros "automutagénicos" podem acumular-se durante o envelhecimento como um produto da respiração anaeróbica. °A fixação do teor de água a 30 % a 25 C para as sementes de *V.* faba atrasa o início da primeira mitose, mas também é insuficiente para a reparação da excisão pré-replicativa (Munn 1990). Por conseguinte, este tempo nas células não pode ser utilizado para a reparação de danos previamente causados pela senescência natural das sementes. Pelo contrário, este tipo de danos aumenta devido ao efeito sinérgico do envelhecimento artificial.

Os princípios acima mencionados foram confirmados pelos resultados experimentais apresentados nos quadros 39 - 40 e na figura 17 e, de um modo geral, apoiam a atenção que tem sido dada a esta questão, tendo em conta o facto de as alterações genéticas durante o armazenamento de sementes poderem causar sérios problemas para a manutenção do germoplasma (Roos 1989). Na nossa primeira série de experiências, analisámos a capacidade de germinação de sementes *de V.* faba com 1, 3 e 10 anos em diferentes condições. As sementes de 1 e 10 anos foram embebidas em água destilada durante 24 horas e depois deixadas a germinar. Um conjunto de sementes com 3 anos de idade foi seco até atingir um teor de água de 30% após a embebição. O comprimento da raiz foi medido após 48 horas, 56 horas, 72 horas, 80 horas, 96 horas, 104 horas e 128 horas de recuperação. A re-secagem das sementes com 3 anos de idade a 30% de teor de água resultou num atraso no início da germinação e num crescimento mais lento da raiz (ver Quadro 39).

Fig. 17 Frequência de c-metáfases aberrantes em sementes de *V. faba* L. com 11 anos de idade antes e

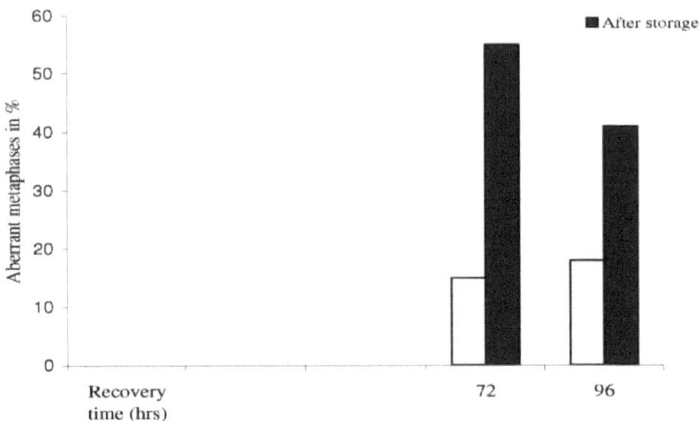

após 7 dias de armazenamento a 30% de teor de água no exsicador

	RECOVERY TIME (in h)						
	48	56	72	80	96	104	128
A	8.4 ± 0.5	20.3 ± 1.0	49.0 ± 1.6	56.0 ± 2.2	73.0 ± 2.7	105.0 ± 3.4	135.0 ± 1.3
B	-	-	-	28.0 ± 2.6	38.0 ± 3.3	49.0 ± 5.2	73.0 ± 7.1
C	-	-	13.0 ± 11.5	16.0 ± 7.4	20.0 ± 14.1	33.0 ± 4.5	72.0 ±13.4

Table 39. Germinação de sementes *de* 1, 3 e 10 anos de idade *de V. faba* em diferentes condições

°As sementes com 1 e 10 anos foram embebidas em água destilada durante 24 horas e depois germinadas em serradura humedecida, no escuro, num termóstato de temperatura constante (24 C). O conjunto de sementes com 3 anos de idade foi seco até 30 % de teor de água antes da germinação. O comprimento da raiz foi medido em mm após o tempo de recuperação designado.

A = sementes com 1 ano, B = sementes com 3 anos, re-secas, C = sementes com 10 anos.

Foram observadas deformações em algumas raízes anormais e inibidas, que são consistentes com os resultados relatados por Murata et al. (1981). O comprimento da raiz de sementes de 3 anos de idade secas e armazenadas experimentalmente (isto é, envelhecidas artificialmente) era aproximadamente o mesmo que o de sementes de 10 anos (não secas) após 128 horas de recuperação. Ambos representam apenas metade do comprimento da raiz das sementes germinadas com 1 ano de idade. Na nossa segunda série de experiências, germinámos metade de cada conjunto de sementes (de 1, 10 e 11 anos) em serradura humedecida, depois de embebida em água destilada durante 24 horas. °As sementes restantes foram re-hidratadas a 30 % de água e armazenadas durante sete dias a 25 C sobre 600 ml de uma solução de H2SO4 a 15 % num exsicador. Antes e depois do armazenamento, a germinação foi avaliada em percentagem do comprimento da raiz (em mm) e a frequência de aberrações cromossómicas (em percentagem de anaerófases; fragmentos, pontes, fragmentos + pontes). De acordo com Murata et al. (1981), o padrão de aumento da frequência de aberrações na anáfase está intimamente relacionado com a perda da capacidade germinativa, como mostra o Quadro 40.

Table 40. Efeito do prolongamento da fase G-1 a 30 % de teor de água no envelhecimento artificial de sementes de *V. faba* com 1, 10 e 11 anos.

Years	Recovery time					
	72 h			96 h		
	A (%)	B (mm)	C (%)	A (%)	B (mm)	C (%)
11	24	31.5 ± 7.8	9.00 ± 2.6	24	31.4 ± 7.4	1.70 ± 0.6
10	30	32.6 ± 6.7	7.00 ± 4.5	34	42.0 ± 8.8	1.30 ± 1.3
1	96	60.0 ± 6.8	0.30 ± 0.3	96	89.6 ± 6.5	0.00 ± 0.0
	After 7 days of storage at 30% water content					
11	16	23.5 ± 7.6	12.0 ± 0.0	16	29.9 ± 8.4	2.00 ± 2.0
10	26	16.9 ± 4.0	10.5 ± 1.5	26	24.8 ± 5.9	1.60 ± 0.3
1	74	47.0 ± 2.6	2.00 ± 0.9	74	68.7 ± 4.3	1.70 ± 0.6

Após 24 horas de imbibição em água destilada, metade de cada conjunto de sementes foi germinada em serradura humedecida. °As sementes restantes foram secas até um teor de água de 30 % e armazenadas num exsicador a 25 C durante 7 dias.

A - Capacidade de germinação (em %)

B - Comprimento da raiz (em mm)

C - Frequência de aberrações cromossómicas (em % de fragmentos de ana-telófase, pontes, fragmentos + pontes)

Em contraste com a experiência de Murata et al. (1982) com a cevada, o armazenamento a longo prazo não foi necessário para se obter um aumento das anáfases aberrantes. É interessante notar que o ciclo mitótico subsequente (96 h) levou a uma diminuição significativa da frequência de aberrações cromossómicas em todos os casos experimentais; este efeito era conhecido das nossas experiências com mutagénicos dependentes de S. É caraterístico das sementes de *V. faba* o facto de se esperar um elevado número de anáfases aberrantes em condições que conduzem à respiração aeróbica. Por outro lado, o prolongamento do armazenamento a um determinado teor de água não tem efeito significativo sobre as sementes e é mais eficaz durante os primeiros sete dias de armazenamento (Munn 1990, 1993). °°O efeito do armazenamento foi suficiente a temperaturas mais baixas do que para as ervilhas e as espigas de milho, 33 C (Gorecki et al. 1992), ou para a cevada, 38 C (Murata et al. 1984). °Em experiências com cevada, por exemplo, uma temperatura de 25 C (ou mesmo a temperatura ambiente) revelou-se suficiente para a armazenagem (Gichner et al. 1971).

Na nossa terceira série de experiências, estávamos interessados na frequência e diversidade das aberrações cromatídicas em células em c-metáfase de sementes de *V.* faba com 11 anos de idade. As aberrações cromatídicas observadas na c-metáfase são uma medida sensível, uma vez que é visível um maior número de aberrações nesta situação do que em experiências anteriores com ana-telófases. Este efeito foi ainda reforçado pela utilização de um teor de água inferior a 25 %. °Depois de mergulhadas em água destilada durante 24 horas, as sementes com 11 anos de idade foram secas até atingirem um teor de água de 25 % e armazenadas num exsicador a 25 °C durante 0 ou 7 dias. As lâminas foram utilizadas para determinar quebras isocromáticas (i), translocações (t), deleções duplas (dd) e deleções intercalares (d), de acordo com Rieger et al. (1975). A frequência das aberrações cromatídicas aumentou 2,3 a 3,8 vezes (com diferentes tempos de recuperação) após sete dias de armazenamento, em comparação com amostras não armazenadas (Fig. 17). Os principais tipos de aberrações cromatídicas encontram-se enumerados no quadro 41.

Table 41. Efeito do alongamento da fase G-1 a 25% de teor de água na frequência e espetro de aberrações cromatídicas em células c-metafásicas de sementes *de V.* faba com 11 anos de idade.

Rec. time (h)	No. of cells scored	No. of abort. cells	% of aber. cells	Aber./cell rate	i	t	dd	d	i / d	intra / inter
72	215	35	14.0	1.0	30	5	-	-	6.0	6.0
96	370	65	17.7	1.0	60	5	-	-	12.0	12.0
After 7 days of storage at 25% of water content										
72	387	205	53.4	1.2	210	35	1	1	6.0	6.1
96	255	105	41.3	1.8	190	-	1	-	-	-

°Após 24 horas de imbibição em água destilada, as sementes foram secas até um teor de água de 25% e armazenadas durante 0 a 7 dias a 25 C num exsicador.

As lâminas foram coradas com propionorcinol e foram analisadas quebras isocromáticas (i), translocações (t), deleções duplas (dd) e deleções intercalares (d) (de acordo com Rieger et al. 1975).

O rendimento das quebras foi mais elevado do que o das translocações. Mais importantes foram as alterações no rendimento dos diferentes tipos de aberrações cromatídicas em relação ao efeito de posição. O aumento da frequência de quebras, associado a uma maior frequência de translocações, permitiu que a relação i/t (quebra isolocus/translocação) se mantivesse relativamente inalterada durante o armazenamento. O rácio intra/intercâmbio também não apresentou diferenças significativas. Aliás, não encontrámos nenhuma translocação no período de recuperação de 96 horas após o armazenamento, mas ocorreram algumas deleções e deleções duplas em ambos os períodos de recuperação. Por outro lado, foi detectado um maior número de aberrações por célula no final do armazenamento, em comparação com as amostras não armazenadas. Este facto poderá indicar uma maior incidência de lesões simultâneas de cromossomas individuais por célula. Tudo isto parece indicar que estão presentes arranjos cromossómicos mais complicados nas células danificadas após o armazenamento.

Rejuvenescimento

O objetivo do nosso estudo foi obter mais informações sobre a reparação dos efeitos do envelhecimento das sementes de *V. faba* L.. Sementes de diferentes idades foram tratadas com mutagénico (MMS) para obter um efeito sinérgico e, em seguida, submetidas a um armazenamento experimental para reduzir os efeitos do envelhecimento e do tratamento com mutagénico. Este objetivo foi alcançado com sucesso para todos os grupos de sementes, parâmetros avaliados e tempos de recuperação.

Nas nossas experiências anteriores, investigámos a variabilidade individual do envelhecimento, as suas manifestações nas sementes de *V. faba* e as suas consequências para a estrutura dos cromossomas e para as perturbações reprodutivas (Munn, 1988a, b). Nas experiências apresentadas neste capítulo, concentrámo-nos na hipótese de que um efeito de memória ajustado a favor da reparação do ADN terá também um efeito significativo nas sementes velhas e poderá, assim, ser um instrumento para reduzir os efeitos do envelhecimento nestes objectos específicos.

Para a avaliação, escolhemos uma ana-telófase, que é mais fácil de analisar e, por conseguinte, nos permite realizar experiências com um grande número de amostras em diferentes condições (dose de mutagénio) e tempos de recuperação. Não estávamos particularmente interessados em pormenores de aberrações cromossómicas (avaliáveis em metafases) e concentrámo-nos na possibilidade de confirmar a existência de um "efeito de armazenamento" também para sementes velhas. Para obter informações gerais sobre a viabilidade das sementes, foi também analisada a taxa de germinação (num grupo de 35 sementes cada).

Observámos alterações significativas na germinação e no crescimento radicular das sementes velhas, enquanto os danos cromossómicos foram menores (ver Tab. 42-43).

Floris e Anguillesi (1974) relataram que, durante o envelhecimento, ocorre uma diminuição na atividade de enzimas como catalase, peroxidase, citocromo oxidase e descarboxilase nas sementes. Além disso, durante a germinação de sementes velhas, foi observada uma perda da capacidade de sintetizar proteínas e um aumento da permeabilidade da membrana, levando a uma diminuição do conteúdo de açúcares e outros produtos metabólicos. A produção dos voláteis orgânicos mais importantes, o etanol e o acetaldeído, durante o processo de germinação também depende fortemente da idade das sementes (Gorecki et al. 1992). Sabe-se também que os frutos e as sementes têm um elevado teor de citocininas. No entanto, a hipótese de que há uma redução da concentração de citocininas endógenas livres durante o envelhecimento não foi confirmada pelas nossas experiências anteriores (Munn et al. 1994). Finalmente, somos favoráveis à hipótese de Rieger e Michaelis (1959), que afirmam que as sementes *de V.* faba são susceptíveis à ação do etanol ou de outros "automutagénicos" que se podem acumular durante a senescência como produto da respiração anaeróbica. Por outro lado, o rejuvenescimento como processo natural também foi descrito para os cotilédones de *Cucurbita pepo* L. (courgette) (Ananieva et al., 2008).

Table 42. Germinação e carácter das aberrações (fragmentos F, pontes B, F+B) em células da ponta da raiz de sementes de *V.* faba com 2, 6 e 12 anos após 0 dias de armazenamento experimental

Years	MMS in mM	Germination (in %)	No. of cells scored 48h/72h	No. of aberrant cells recovery time 48 h F	B	F+B	72h F	B	F+B
	0	77.0	150/120	2	1	0	1	3	0
2	3	90.0	155/140	17	6	3	8	1	1
	6	87.0	150/130	24	3	4	11	9	2
	0	57.0	210/140	40	7	12	15	6	3
6	3	50.0	250/90	40	11	16	11	3	3
	6	77.0	250/150	57	26	18	35	4	4
	0	19.4	40/70	7	2	2	11	1	0
12	3	17.4	25/15	1	6	2	4	2	2
	6	13.0	60/25	10	16	20	14	2	2

Tabela 43: Germinação e carácter das aberrações (fragmentos F, pontes B, F+B) em células da ponta da raiz de sementes de *V.* faba com 2, 6 e 12 anos após 8 dias de armazenamento experimental

Years	MMS in mM	Germination (in %)	No. of cells scored 48h/72h	No. of aberrant cells recovery time 48 h F	B	F+B	72h F	B	F+B
	0	89.6	270/150	7	1	0	4	1	0
2	3	94.0	260/150	3	0	0	3	1	0
	6	86.0	290/150	7	0	1	0	2	0
	0	87.5	300/160	2	1	0	0	0	0
6	3	88.6	300/150	8	1	0	2	0	0
	6	82.4	300/150	6	2	0	3	1	0
	0	60.0	230/150	18	5	2	4	1	0
12	3	46.0	205/150	8	6	0	11	1	1
	6	72.0	180/150	12	4	1	2	2	2

De acordo com os nossos muitos anos de experiência, as sementes velhas mostram sempre uma clara diminuição da sua viabilidade, enquanto a diferença na taxa de aberrações é bastante pequena. Por isso, tratámos as sementes velhas com MMS para obter uma base de aberrações elevada, que possivelmente diminui significativamente durante o "efeito de armazenamento" (Fig. 18). Esta suposição foi confirmada e, após 8 dias de armazenamento, encontrámos uma frequência 3-4 vezes menor de aberrações cromossómicas e uma viabilidade significativamente maior das sementes (Fig. 19, Tab. 42 - 43). Mesmo as sementes com 12 anos de idade apresentaram uma viabilidade comparável à das sementes com 2 anos de idade sem armazenamento. Resumindo, o atraso da fase G1 na primeira onda de síntese de ADN das sementes velhas leva a uma melhoria significativa da reparação do ADN pré-replicativo, o que deve ser uma via possível para o rejuvenescimento.

Fig. 18 Frequência das aberrações cromossómicas após 0 dias de armazenamento num controlo com

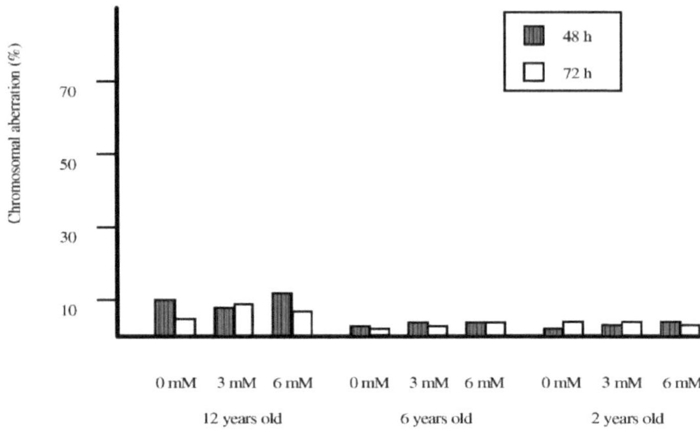

50% de água.

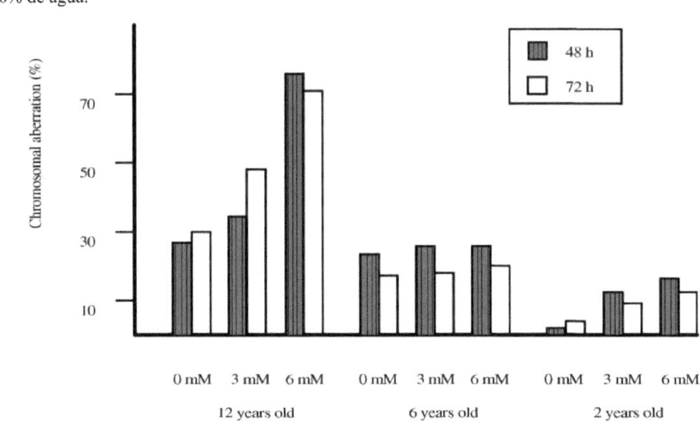

Fig. 19 Frequência das aberrações cromossómicas após 8 dias de armazenamento num controlo com 50% de água.

Melhoria da produção vegetal através de um efeito de armazenamento

Para além dos resultados teóricos acima referidos, há também um resultado prático. As nossas observações práticas a longo prazo em diferentes variedades de

Vicia faba L. mostram que o método conduz a um maior rendimento de sementes viáveis e, por conseguinte, a uma maior produção agrícola e a outros benefícios.

As nossas observações práticas a longo prazo em diferentes variedades de *Vicia faba* L. mostram que o método é útil para um maior rendimento de sementes viáveis e, por conseguinte, para uma maior produção vegetal.

As nossas experiências descritas nos capítulos anteriores conduziram às seguintes conclusões importantes no que respeita à viabilidade das sementes:

1. Variabilidade individual e específica do grupo de sementes;
2. condições de armazenamento antes da germinação; e
3. A condição para a sua germinação.

Todas estas três condições influentes podem ser optimizadas pelo método do efeito de armazenamento descrito no nosso relatório, levando a uma melhoria da produção vegetal. Isto é particularmente importante para sementes raras e/ou caras, ou seja, sementes geneticamente modificadas ou com um cariótipo alterado.

Capítulo 5 Conclusões

As quebras de cadeia dupla (DSB) de ADN induzidas por MMS foram detectadas nas pontas das raízes de *V. faba* por eluição de ADN neutro a concentrações de MMS de 4 mM, 5 mM, 6 mM e 10 mM. A avaliação da resposta dependente da dose ao mutagénio produziu resultados inesperados. Após um período de recuperação de 24 horas para raízes tratadas com mutagénico, a quantidade de DSBs aumentou de 1,8 vezes para 2,6 vezes (Munn e Micieta, 1994).

As experiências com embriões sem cotilédones mostraram um efeito completamente diferente da diminuição da frequência de DSB no período de restituição. Este efeito também aponta para uma descoberta útil para o nosso estudo UDS, nomeadamente que o tempo de atividade de reparação eficaz não é provavelmente superior às 24 horas necessárias para a restituição.

Observámos que os danos foram reparados após o tratamento com o agente não-alquilante MH durante o armazenamento das sementes danificadas a 50 % de teor de água (Munn, 1993).

Considerando os nossos resultados anteriores no tratamento com um agente não-alquilante, MH, e os resultados do mesmo método de armazenamento com o agente alquilante, MMS, podemos concluir que os danos no DNA foram reparados por estes dois mutagénicos dependentes de S durante o armazenamento de sementes danificadas a 50% de teor de água (Munn e Micieta, 1994).

Ao contrário dos efeitos do armazenamento na frequência das aberrações cromatídicas, não se verificaram diferenças significativas nos padrões de distribuição das aberrações cromatídicas. A explicação para os resultados obtidos após o tratamento com MH e subsequente armazenamento a 50% poderá ser que, embora os danos no ADN causados pelo efeito do mutagéneo não estejam distribuídos aleatoriamente no cariótipo (i.e. pontos quentes) das células danificadas, a reparação desses danos ocorre ao mesmo nível para todos os segmentos cromossómicos, independentemente da sua sensibilidade a um mutagéneo específico e do protocolo experimental utilizado (Munn e Micieta, 1996). Consequentemente, os nossos estudos sugerem que, embora os danos no ADN sejam selectivos e ocorram preferencialmente em alguns segmentos, a reparação destes danos no ADN não é selectiva para um determinado cromossoma ou segmento cromossómico.

Os nossos resultados de armazenamento de sementes a 50% de teor de água no contexto da reparação de danos biológicos induzidos por MMS mostraram uma diminuição na incidência de CAs (Munn e Micieta, 1994).

Dados disponíveis anteriormente (Munn, 1990) mostraram que a recuperação de danos cromossómicos induzidos por MH e MMS em *V. faba* como resultado do armazenamento de sementes a 50% de teor de água está associada a uma síntese de ADN não programada/reparativa. Estes dados apoiam a hipótese de que esta recuperação dos efeitos clastogénicos do MH e do MMS está relacionada com a extensão da reparação por excisão dos danos no ADN durante o armazenamento experimental das sementes, ver Vonarx (1998). A nossa hipótese testada de que a forte redução da germinação de sementes velhas é causada por alterações no conteúdo de citocininas endógenas livres não foi confirmada por cromatografia em camada fina (TLC) e cromatografia gás-líquido (GLC) com sementes de 1, 2, 4, 5, 7 e 8 anos de idade (Munn et al., 1994).

A análise da coloração escura das sementes *de V. faba L. durante o* processo de envelhecimento produziu resultados que permitem tirar as seguintes conclusões gerais:

Com o avanço da maturação, a proporção de sementes escuras numa determinada colheita aumenta; todos os anos, os lotes de sementes apresentam uma mudança de tipo de cor para as mais escuras, de acordo com a escala de Fisher-Sailer (Munn, 1988b).

O escurecimento das sementes manifestou-se pela perda da capacidade germinativa e pelo aumento do número de cromossomas aberrantes nas células anafásicas das pontas das raízes, com uma diminuição mais acentuada da viabilidade testada pela capacidade germinativa, culminando na mortalidade das sementes *de V. faba* após nove anos de armazenamento (Munn, 1988b).

A diferença dos danos fisiológicos e genéticos estudados entre os diferentes grupos de sementes (escuras/claras) de uma mesma cultura, ou seja, entre as sementes claras de uma cultura mais jovem (o mesmo se aplica às sementes escuras), é superior à diferença entre culturas que têm geralmente vários anos de intervalo, sendo o fenómeno mais pronunciado em termos de danos fisiológicos do que de danos genéticos (Munn, 1988b).

O envelhecimento das sementes pode também ser explicado pelo facto de, num lote de sementes, a proporção de sementes menos viáveis (sementes mais escuras em *V. faba*) aumentar progressiva e irreversivelmente até um certo limite (9 anos em *V. faba),* até ao qual os indivíduos viáveis (sementes claras) ainda permanecem no lote de sementes.

A nossa hipótese de que a viabilidade das amostras de sementes diminui ao longo dos anos e que o revestimento das sementes escurece quando armazenadas em condições desfavoráveis (temperatura elevada) foi também confirmada.

O ciclo mitótico foi parcialmente prolongado durante o envelhecimento das sementes de *V.* faba. A frequência de aberrações cromossómicas foi mais elevada na primeira mitose e diminuiu nas mitoses seguintes, provavelmente devido a mecanismos de reparação do ADN (Munn, 1988a).

Com o aumento da idade das sementes de *V. faba* cv. Inovec, a taxa de germinação e a taxa de crescimento radicular diminuíram e a frequência de aberrações cromossómicas aumentou. °A taxa de germinação e a frequência de aberrações cromossómicas das sementes de V. faba revelaram-se mais sensíveis ao envelhecimento do que as das sementes de *V. sativa L.* cv. As sementes *de V. faba* permaneceram viáveis no laboratório (a uma temperatura ambiente de cerca de 20 C) durante um máximo de 8-9 anos. As condições de armazenamento influenciaram a taxa de germinação e a frequência das aberrações cromossómicas. As *sementes* velhas de *V. faba apresentaram* uma clara variabilidade, sendo os fenómenos fisiológicos do grupo examinado mais uniformes do que a frequência das aberrações cromossómicas. Nas sementes velhas de *V. faba,* predominam os fragmentos do tipo cromatídeo (Munn, 1988a)

As sementes mais velhas tratadas com MMS mostraram o efeito sinérgico dos danos cromossómicos, M.C. e viabilidade das sementes em geral. No entanto, o efeito do armazenamento também teve um impacto nesta área e, após oito dias de armazenamento, observámos uma frequência três a quatro vezes menor de aberrações cromossómicas e uma viabilidade significativamente maior das sementes. Uma vez que as sementes com 12 anos de idade apresentaram uma viabilidade após o armazenamento comparável à das sementes sem armazenamento com 3 anos de idade, o nosso método indica a possibilidade de rejuvenescimento (Munn e Micieta, 1994).

Todos estes resultados indicam que o efeito de armazenamento pode ser um fenómeno geral que favorece a reparação do ADN ao prolongar o período entre o tratamento mutagénico e o início da síntese do ADN, o que se reflecte em todos os parâmetros utilizados para avaliar a genotoxicidade e a viabilidade das sementes estudadas (Munn e Micieta, 1997b,c).

Resultados práticos

Para além das ramificações teóricas das nossas experiências, os nossos resultados podem também ter implicações práticas em três áreas (Munn et al. 2003, Munn e Micieta 2017):

1. Tal como observado por Cupic et al. (2005), as sementes de culturas agrotécnicas amplamente cultivadas, como a luzerna (*Medicago sativa* L.), são frequentemente armazenadas durante anos após a colheita, afectando a energia de germinação, a germinação, a taxa de plântulas anormais e as sementes mortas. Isto pode ser facilmente remediado pelo "efeito de armazenamento" com um período de germinação interrompido nas condições descritas, levando a um prolongamento da fase G-1 com um aumento significativo do vigor das sementes assim tratadas. Consequentemente, isto leva a uma melhoria do seu

Isto é particularmente importante no caso das sementes geneticamente modificadas ou reorganizadas (ver as sementes de cariótipo ACB utilizadas nos nossos ensaios).

2. Os nossos resultados podem ser muito úteis para os bancos de sementes de todo o mundo. Testes regulares de viabilidade de sementes baseados na capacidade de germinação levam a perdas irreversíveis de sementes armazenadas, enquanto um simples teste visual baseado na cor das sementes forneceria a mesma resposta sem perda de material. Além disso, este teste pode ser efectuado em ampolas seladas para que as condições de armazenamento no respetivo banco de sementes não sejam afectadas. Utilizando o "efeito de armazenamento", estas sementes podem ser revitalizadas (ou rejuvenescidas) e armazenadas posteriormente, com a possibilidade de sobrevivência a longo prazo no banco de sementes.

3. Finalmente, o "efeito de armazenamento" acima referido pode aumentar significativamente o rendimento das sementes viáveis e prolongar o seu tempo de sobrevivência útil na respectiva oferta agrícola. Tomando o feijão *Vicia faba* como exemplo, isto poderia levar a uma melhoria económica considerável, uma vez que as suas sementes são distribuídas em mais de 55 países e são produzidas anualmente 4,56 milhões de toneladas de grãos secos numa área cultivada de 2,56 milhões de hectares.

Referências

Abdul-Baki, A. A., Anderson, J. D. 1972. physiological and biochemical deterioration of seeds, pp. 283-315. in: Kozlowski, T. T. (ed.), Seed biology, Vol.2, Academic Press, New York.

Agresti, A., 2002: Categorical data analysis. John Wiley, Sons, Nova Iorque, EUA.

Ahlert, G. 1971. mutação somática - causa do envelhecimento? Z. Alternforsch. **25**: 7-13.

Akpa, T. C., Weber, K. J., Schneider, E., Kiefer, J., Frankenbergschwager, M., Harbich, R., Frankenberg, D. 1992. heavy ion-induced DNA double-strand breaks in yeast. Int. J. of Rad. Biology, **62**:279-287.

Amphelet, G.E., Delow, G. 1984. análise estatística do teste do micronúcleo. Mutat Res 128, 161-166.

Ananieva, K., Ananiev, E. D., Mishev, K., Georgieva, K., Tzvetkova, N.. Staden, J., 2008. alterações na capacidade fotossintética e nos padrões polipeptídicos durante a senescência natural e o rejuvenescimento dos cotilédones de Cucurbita pepo L. (courgette), *Regulação do Crescimento das Plantas*, 54, 1, 23.

Andersson, CH. H. 1982: A reparação do G2 e a origem das aberrações cromossómicas. Ata Universitatis Upsaliensis, 42 pp.

Andreev, I.O., Spiridonova, E.V., Kunakh, V.A., Solov'yan, V.T. 2004. O envelhecimento e a perda de capacidade germinativa das sementes de centeio são acompanhados por uma fragmentação reduzida do ADN nuclear nos limites do domínio do laço. *Russ. J. Plant. Physiol.* 51(2):241-248.

Angelis, K., Velemmsky, J., Rieger, R., Heindorff, K. 1986. Interação da hidrazida maleica ou da N-metil-N-nitrosoureia com o ADN da ponta da raiz de embriões de *Vicia* faba cultivados in vitro. Biol. Zentralbl., **105**: 29-36.

Angelis, K., Velemmsky, J., Rieger, R., Schubert, I. 1989. repair of bleomycin-induced DNA double-strand breaks in *Vicia faba.* Mutation Res, **212**:155157.

Araujo, S. J., Wood, R. D. 2000. complexos proteicos na reparação por excisão de nucleótidos. Mutation Res, **435**: 23-33.

Avanzi, S., Innocenti, A. M., Tagliasacchi, A. M. 1969. Aberrações cromossómicas espontâneas associadas à dormência das sementes em *Triticum durum* Desf. Mutation Res., **7**: 199-203.

Babasaheb, B.D. Seed Manual: Processing and Storage. *CRC Press*, 2004, p. 800.

Bencova, M. 1986: Mechanizmy oprav poskodern DNA u buniek *Escherischia coli* a ich ovplyvnenie ucinkom helikaz. Boletim Cs. spol. mikrobiologicke pri CSAV, **27**: 11-16.

Bender, M. A., Griggs, H. G., Bedford, J. S., 1974. Mecanismos de geração de aberrações cromossómicas: III. produtos químicos e radiação ionizante. Mutation Res. **23**: 197-212.

Bezdek, M. 1989. genome plasticity - An important message of plant molecular genetics, p. 6. Proc. Trends in Comparative Molecular Genetics, FEBS, Liblice, xxx.

Bezrukov, V. F., Lazarenko, L. M., 2002. Influência ambiental na dinâmica dependente da idade da instabilidade cariotípica nas plantas. Mutat. Res., 520: 113-118.

Bewley, J. D., Black, M. 1982. physiology and biochemistry of seeds in relation to germination. Vol. 2, Dormência e Controlo Ambiental. Springer-Verlag, Berlim, Heidelberg, Nova Iorque, 376 pp.

Bewley, J. D., Black, M. 1994. seeds: physiology of development and germination.

Segunda edição. Plenum Press, Nova Iorque, 445 páginas.
Bohr, W. A., Wasserman, K. 1988. Reparação do ADN ao nível do gene. Revisões - TIBS, **13**: 429-433.
Bonner, F.T. 1990. Armazenamento de sementes: oportunidades e limitações para a conservação de germoplasma. Forest Ecology and Management, Issues 1-2, Vol. 35:35-43.
Bradley, M. O., Kohn, K. W. 1979. Quebras de cadeia dupla de ADN induzidas por raios X e sua reparação em células de mamíferos, medidas por eluição de filtro neutro. Nucl. Acids Res, **7**:793-804.
Bray, C. M., West, C. E. 2005. DNA repair mechanisms in plants: critical sensors and effectors for the maintenance of genome integrity. New Phytologist, 168: 511-528.
Britt, A. B. 1996. Danos e reparação do ADN nas plantas. Annu. Rev. Plant Physiol. Plant Mol. Biol. **47**: **75-100**.
Brieteux-Gregoire, S., Liuzzi, M., Talpaert-Borle, M., Winand, M., Verly, W. G. 1986. Relação entre a solubilidade ácida do ADN e a frequência de quebras de cadeia simples perto de sítios apurínicos. Biochimica et Biophysica Ata, **867**: **24-30**.
Brunori, A. 1967. Relação entre a síntese de ADN e o teor de água durante a maturação das sementes de *Vicia* faba. Caryologia, **21**: 261-269.
Bryant, P. E. 1984. Restrição enzimática do ADN de mamíferos utilizando Pvu II e Bam HI: provas da origem de quebras de cadeia dupla em aberrações cromossómicas. Int. J. of Rad. Biology, **46**:57-65.
Bryant, P. E. 1988. Utilização de endonucleases de restrição para estudar as relações entre quebras de cadeia dupla de ADN, aberrações cromossómicas e outros pontos finais em células de mamíferos. Int. J. of Radiat. Biol., **54**:869-890.
Bnza, J., Angelis, K., Kleibl, K., Margison, G., Ondrej, M., Satava, J., Vlasak, J., Velemmsky, J. 1989. Zvysern rezistence vuci alkylacmm latkam vnesernm genu pro reparaci poskozem DNA do genomu tabaku, pp. 156-163. In: Vysledky genoveho inzenyrsM pro slechtem rostlin. Zborrnk CSAV, Ceske Budejovice.
Buchwald, M., Moustacchi, E. 1998. A anemia de Fanconi é causada por um defeito no processamento de danos no ADN? Mutation Res, **408**: 75-90.
Burgass, R. W., Powell, A. A. 1984: Evidence for repair process in the invigoration of seeds by hydration. Annals of Botany, 53: 753-757.
Busse, P. M., Bose, S. K., Jones, R. W., Tolmach, L. J. 1978. A ação da cafeína em células HeLa irradiadas com raios X: III. aumento da morte induzida por raios X durante a paragem G2. Radiat. Res. **76**: 292-307.
Cartledge, J. L., Blakeslee, A. F. 1934. Taxa de mutação aumentada por sementes envelhecidas, como demonstrado pelo aborto de pólen. Proc. Nat. Acad. Sci. USA, **20**: 103-110.
Cartledge, J. L. Blakeslee, A. F. 1935. The mutation rate of old Datura seeds. Science, **81**: 492-493.
Cebrat, J. 1977. Estudos sobre aberrações cromossómicas espontâneas nas raízes de plântulas de cebola e seus efeitos no crescimento das plântulas. Genet. Pol., **18**: 39-49.
Chadwick, K. H., Leenhouts, H. P. 1974. aberrações cromossómicas e morte celular. Proc. 4-th Symp. Microdosim. Verbania Pallanaza, Luxemburgo, **1**: pp. 585-605.
Chang, W. P., Little, J. B. 1992. provas de que as quebras de cadeia dupla de ADN induzem o fenótipo de morte reprodutiva retardada em células de ovário de hamster chinês. Rad. Res., **131**:53-59.

Cheach, K. S. E., Osborne, D. J. 1978. As lesões de ADN ocorrem com perda de viabilidade em embriões de sementes de centeio senescentes. Nature, **272**: 593-599.

Chwedorzewska, K.J., Bednarek, P.T., Puchalski, J. 2002. Estudos sobre alterações em regiões específicas do genoma do centeio devido ao envelhecimento e regeneração das sementes. *Cell , Mol. Biol. Lett.* 7:569-576.

Cinader, B. 1989: Regulação compartimental e intracompartimental do envelhecimento. Genoma, **31**: 368-372.

[66]Citti, L., Mariani, L., Capecchi, B., Piras, A., Leuzzi, R., Rainaldi, G. 1998. A senzibilização de células tratadas com O-metilguanina a danos por alquilação é influenciada pelo número de moléculas de O-metilguanina-DNA metiltransferase que escaparam à inativação. Mutation Res, **409**: 173-179.

Clarkson, J. M., Mitchel, D. L. 1979. A recuperação de células de mamíferos tratadas com metanossulfonato de metilo, mostarda nitronada ou luz UV. Mutation Res., **61**: 333-342.

Cleaver, J. E., Thomas, G. H. 1979. measurement of unscheduled synthesis by autoradiography, pp. 74-84. in: Rogers, A. W. (ed.), Practical autoradiography 23/20, Amersham International plc.

Collins, A. R. 1999: danos oxidativos no ADN, antioxidantes e cancro. BioEssays, **21**: 238-246.

Cordonnier, A. M., Fuchs, R. P. P. 1999. Replicação de ADN danificado: defeito molecular em células da variante xeroderma pigmentosum. Mutation Res: DNA Repair, **435**: 111-119.

Cornforth, M. N. 1989: Sobre a natureza das interacções que levam à troca de cromossomas induzida por radiações. Int. J. Radiat. Biol. **56**: 635-643.

Cornforth, M. N. 1990. Testando o conceito de troca de um só golpe. Radiat. Res. **121**: 21-27.

Cornforth, M. N., Bedford, J. S. 1987. Uma comparação quantitativa da reparação de danos potencialmente letais e da reunião de quebras cromossómicas interfásicas em fibroblastos humanos normais de baixa passagem. Radiat. Res. **111**: 385-405.

Cornforth, M. N., Bedford, J. S. 1993. ionising radiation damage and its early development in chromosomes, pp. 423-496. in: Lett, J. T., Sinclair, W. K. (eds.), Advances in radiation biology, Vol. 17, Academic, San Diego.

Cornforth, M. N., Meyne, J., Littlefield, L. G., Bailey, S. M., Moyzis, R. K. 1989. Coloração dos telómeros dos cromossomas humanos e mecanismo de formação de dicêntricos induzidos pela radiação. Radiat. Res. **120**: 205-212.

Corsi, G., Avanzi, S. 1969. Resposta do embrião e do endosperma ao envelhecimento em sementes de *Triticum durum*, revelada por danos cromossómicos no meristema radicular. Mutation Res., **7**: 349-355.

Cortes, F., Rodriguez-Higueras, J. M., Escalza, P. 1985. Diferentes efeitos citotóxicos induzidos pela hidrazida maleica em células meristemáticas de raízes. Env. e Exp. Bot., **3**: 183-188.

Coupland, D., Peel, A. J. 1972. maleic hydrazide as antimetabolite of uracil. Planta (Berlim), **103**: 249-252.

Cullis, P. M., Elsy, D., Fan, S., Symons, M. C. R. 1993. Influência significativa dos tampões no rendimento das quebras de cadeia simples e dupla no ADN irradiado à temperatura ambiente e a 77-K. Int. J. of Rad. Biology, **63**:161-165.

Cupic, T., Popovic, S., Grljusic, S., Tucak, M., Andric, L., Simic, B. 2005. Effect of storage time on the quality of alfalfa seed. Journal of Central European Agriculture,

6(1):65-68.

Dandoy, E., Schyns, R., Deltour, R., Verly W. G. 1987. Aparecimento e reparação de sítios apurínicos/apirimidínicos no ADN durante a germinação precoce de *Zea mays*, pp. 57-60. In: Velemmsky, J., Gichner, T. (eds.), Mutation Res., **181**, Edição Especial "DNA Damage and Repair in Higher Plants and Relation to Genetic Damage".

Darlington, C. D., McLeish, J. 1951. O efeito da hidrazida maleica na célula. Nature, Londres, **167**: 407- 408.

Darroudi, F., Natarajan, A. T. 1987. Caracterização citogenética de células mutantes sensíveis aos raios X xrs 5 e xrs 6 de ovário de hamster chinês: I. Indução de aberrações cromossómicas por irradiação com raios X e sua modulação por 3-aminobenzamida e cafeína. Mutation Res. **177**: 133-148.

Das, G., Sen-mandi, S. 1992. scutellar amylase activity in naturally aged and accelerated aged wheat seeds. Anais de Botânica, **69**: 497-501.

Davidson, D. 1966. O início da mitose e da síntese de ADN em raízes de feijão em germinação. Am. J. Bot., **53**: 491-495.

D'Amato, F. 1948. mutazioni cromosomiche spontanee in *Nothoscordum fragrans* Kunt. Caryologia, **1:** 107-108 (em italiano).

D 'Amato, F. 1951. mutazioni cromosomiche spontanee in plantule di *Pisum sativum* L. Caryologia, **3:** 285-293 (em italiano).

D'Amato, F. 1964. cytological and genetic aspects of ageing. Genet. Today, Pergamon Press, Oxford, **2:** 285-295.

Dewey, W. C., Miller, H. H., Leeper, D. B. 1971. Aberrações cromossómicas e mortalidade de células de mamíferos irradiadas com X: Ênfase na reparação. Proc. Natl. Acad. Sci. USA **68**: 667-671.

Disney, J. E., Barth, A. L., Schultz, L. D. 1992. Reparação defeituosa de danos cromossómicos induzidos por radiação em ratinhos scid/scid. Cytogenet. Cell Genet. **59**: 39-44.

Dobel, P., Rieger, R., Michaelis, A. 1973. padrões de bandas Giemsa do padrão e de quatro cariótipos reconstruídos de *Vicia faba*. Chromosoma (Berl.), **43**: 409-422.

Dubinin, N. P., Dubinina, L. G. 1968. O problema de possíveis alterações cromossómicas em sementes armazenadas de *Crepis capillaris*. Genetika, **4**: 5-28 (Russo com resumo em inglês)

Dubinin, N. P., Scerbakov, V. K., Savel'zon, R. A. 1965. Jestetstvennyj mutacionnyj process s nezaderzannym projavleniem citogeneticeskogo dejstvija jestetstvennych mutagenov.Genetika, **3**: 27-34 (em russo).

Dubinina, L. G. 1971. priroda izmenenij v spektre mutacij v uslovijach dlitel'nogo chranenija semjan Crepis capillaris obrabotannych alkylirujuscmi soedinenijami. Citol. i Genet., **5**: 401-415 (em russo).

Eeswara, J. P., Allan, E. J., Powell, A. A., 1998: The influence of seed maturity, moisture content and storage temperature on the survival of neem (*Azadirachta indica)* seeds in storage. Seed Science and Technology, 26/2: 299-308.

Engle, J. B., Ward, O. G. 1974. Isolamento e caraterização de pontas de raízes de *Vicia faba*

Ácido desoxirribonucleico. J. Biochem, **75**: 205-209.

Evans, H. J. 1962. Aberrações cromossómicas devidas a radiações ionizantes. International Review of Cytology, **13**:221-308.

Evans, H. J. 1966. Reparação e recuperação de danos cromossómicos após dose fraccionada de raios X: "Genetic Aspects of Radiosensitivity: Mechanisms of Repair".

Actas de um painel de discussão, Viena, 18-22 de abril de 1966. pp. 31-47.
Evans, H.J., Scott, D. 1964. Influência da síntese de ADN na produção de aberrações cromatídicas por raios X e hidrazida maleica em *Vicia faba*. Genetics, **49**: 17-38.
Failla, G. 1958: O processo de envelhecimento e o desenvolvimento do cancro. Ann. N. Y. Acad. Sci, **71**: 1124-1140.
Floris, C., Anguillesi, M. C. 1974. Envelhecimento de embriões isolados e endosperma de trigo duro: uma análise dos danos cromossómicos. Mutation Res., **22**: 133138.
Foiani, M., Pellicioli, A., Lopes, M., Lucca, C., Ferrari, M., Liberi, G., Falconi, M. M., Plevani, P. 2000. DNA damage checkpoints and DNA replication controls in *Saccharomyces cerevisiae*. Mutation Res. - Fundamental and Molecular Mechanisms of Mutagenesis, 451: 187-196.
Fornace Jr, A. J., Nagasawa, H., Little, J. B. 1980. Relação da reparação do ADN com aberrações cromossómicas, trocas de cromátides irmãs e sobrevivência durante a recuperação da manutenção líquida em células de mamíferos x-irradiadas. Mutation Res, **70**: 323-336.
Fousova, S., Velemmsky, J, Gichner, T, Pokorny, V. 1974. Síntese de ADN durante a fase inicial da germinação nos meristemas do embrião de cevada e sua inibição pela N-metil-N-nitrosoureia. Biologia Plantarum 16, 168-173.
Friedberg, E. C. 1996: A relação entre a reparação do ADN e a transcrição. Annu. Rev. Biochemistry, **65**: 15-42.
Friedl, A. A., Beisker, W., Hahn, K., Eckardtschupp, F., Kellerer, A. M. 1993. Aplicação da eletroforese em gel de campo pulsado para a determinação de quebras de cadeia dupla induzidas por raios gama em moléculas de cromossomas de levedura. Int. J. of Rad. Biology, **63**:173-181.
Geard, C. R. 1985. Charged particle cytogenetics: effects of LET, fluence and particle separation on chromosome aberrations. Radiat. Res. **104**: 112-121.
Gichner, T., Ehrenberg, L. 1966. The influence of post-treatment storage on the frequency of EMS-induced chromosomal aberrations in barley. Biol. Plant. Acad. Sci. Bohemoslav, **8**: 256-259.
Gichner, T., Gaul, H. 1971. Efeito do armazenamento após tratamento de sementes de cevada com metanossulfonato de etilo - I. influência da humidade das sementes. Radiat. Bot., **11**: 53-58.
Gichner, T., Plewa, M. J. 1998. Indução de danos somáticos no ADN medidos por eletroforese em gel de célula única e mutação pontual em folhas de plantas de tabaco. Mutation Res, **401**: 143-152.
Gichner, T., Gaul, H., Omura, T. 1968. A influência da lavagem e ressecagem de sementes de cevada na atividade mutagénica da N-metil-N-nitrosoureia e N-etil-N-nitrosoureia. Radiat. Bot., **8**: 499-507.
Gichner, T., Ptacek, O., Stavreva, D. A., Plewa, M. 1999. Comparação de danos no ADN em plantas medidos por eletroforese em gel de célula única e mutações somáticas em folhas induzidas por agentes alquilantes monofuncionais. Ambiente e mutagénese molecular **33**: 279-286.
Gichner, T., Velemmsky, J. 1973. A influência dos inibidores metabólicos e da temperatura na atividade mutagénica durante o armazenamento de sementes de cevada tratadas com metanossulfonato de etilo. Biol. Plant. (Praha), **15**: 72-79.
Gichner, T. e Velemmsky, J. 1974. Recuperação de danos genéticos induzidos por metanossulfonato de etilo em cevada. Dependência da temperatura e independência da hipóxia. Mutation Research, 24, 73-75.

Gichner, T., Velemmsky, J. 1977. Mudança de aberrações cromatídicas para aberrações do tipo cromossómico por prolongamento da fase celular G1 após tratamento com sulfato de dietilo. Mutation Res, **45**: 205-211.

Gichner, T., Velemmsky, J. 1979. molecular mechanizmy indukce chromozomalrnch aberaci. Biol. listy, **44**: 282-302.

Gichner, T., Velemmsky, J. 1979. Recuperação pré-replicação de danos cromossómicos induzidos. Mutation Res., **66**: 135-142.

Gichner, T., Velemmsky, J. , Pokorny, V. 1971. Recuperação ou aumento dos efeitos genéticos induzidos em função do teor de humidade das sementes de cevada tratadas com N-metil-N-nitrosoureia armazenadas. Mutation Res., **12**: 391-396.

Gichner, T., Svachulova, J., Velemmsky, J., Pokorny, V. 1975. Recuperação de danos genéticos induzidos por metanossulfonato de etilo em cevada. Independência do tratamento com azida de sódio. Biologia Plantarum 17, 202-206.

Gichner, T., Velemmsky, J., Pokorny, V. 1977. Alterações na produção de efeitos genéticos e quebras de cadeia única de ADN durante o armazenamento de sementes de cevada após tratamento com sulfato de dietilo. Environ. Exp. Botânica, **17**: 63-67.

Gichner, T., Velemmsky, J., Zadrazil, T. 1972. efeito de armazenamento em cevada após tratamento com EMS e efeito sobre quebras de fita simples no DNA. Biol. Zentralbl., **91**: 36-49.

Gichner, T., Velemmsky, J., Pokorny, V., Zadrazil, T., Age, L. 1974. Efeitos pós-tratamento em sementes de cevada tratadas com compostos alquilantes mutagénicos. Parte II. Resultados bioquímicos, 93-97.

Gichner, T., Velemmsky, J., Ondrej, M. 1980. Aumento da frequência de aberrações cromossómicas induzidas pela etilenoimina em embriões de cevada cultivados in vitro, mediado por retenção de líquidos. Mutation Research, 193196.

Giese, A. C. 1947. radiação e divisão celular. Q. Rev. Biol. **22**: 253-264.

Gorbunova, V., Levy, A. A. 1999. Como é que as plantas fazem face às despesas: DNA double-strand break repair. Trends in Plant Science. **4**: 263-269.

Griffin, C. S., Marsden. ^{238}S. J., Stevens, D. L., Simpson, P., Savage, J. R. K. 1995. Frequência de aberrações cromossómicas complexas induzidas por partículas Pu a e detectadas por hibridação in situ fluorescente utilizando sondas específicas de um único cromossoma. Int. J. Radiat. Biol. **67**: 431-439.

Griffin, C. S., Stevens, D. L., Savage, J. R. K. 1996. Os raios X ultra-suaves de 1,5 keV A1 K são geradores eficientes de aberrações de troca complexas, como demonstrado pela hibridação in situ por fluorescência. Radiat. Res. **146**: 144-150.

Golikova, O. P., Mironjuk, T. I. 1977. Síntese de ADN em raízes de rebentos de leguminosas irradiados com raios gama no período pós-irradiação. Fiziologija i biochemija kulturnych rastenij, ANU SSR, **9**: 398-405.

Gorecki, R. J. 1982. Viabilidade e vigor de sementes de ervilha envelhecidas em diferentes densidades. Ata Societatis Botanicorum Poloniae, **51**: 481-488.

Gorecki, R. J., Michalczyk, D. J., Esashi, Y. 1992. Estudos comparativos sobre a respiração anaeróbica em sementes de ervilha e de ruibarbo de bardana com diferentes idades. Ata Physiol. Plantarum, **14**: 19-27.

Grilli, I., Bacci, E., Lombardi, T., Spano, C., Floris, C. Envelhecimento natural: poly(A) polymerase em embriões em germinação de trigo *Triticum durum. Ann. Bot.*, 1995, 76:15-21.

Gruenert, D. C., Cleaver, J. E. 1981. Reparação de danos ultravioleta em células humanas também expostas a agentes que causam quebras de cadeia, ligações cruzadas, monoadutos e alquilações. Chem. biol. interactions, **33**: 163-177.

Gunther, E. 1978, Grundriss der Genetik. VEB Gustav Fischer Verlag, Jena, 389 p. (em alemão)

Hartwell, L. H., Weinert, T. A. 1989. checkpoints: Controlos que asseguram a ordem dos acontecimentos do ciclo celular. Science, **246**: 629-634.

Heindorff, K., Rieger, R. 1984. Factores exógenos que influenciam o rendimento e a distribuição intracromossómica das aberrações cromossómicas induzidas pela hidrazida maleica em *Vicia faba*. Biol. Zentralbl., **103**: 9-14.

Heindorff, K., Rieger, R., Schubert, I., Michaelis, A., Aurich, O. 1987. Adaptação clastogénica de células vegetais Redução do rendimento de aberrações cromatídicas induzidas clastogenicamente por diferentes métodos de pré-tratamento. Mutation Res, **181**: 157-172.

Hill, M., Benes, L. 1966. autoradiografia. Academia, Praha, 366 p.

Hsu, J. P., Tseng, S. 1989. Um modelo cinético simples para a reparação de quebras de cadeia dupla de ADN induzidas por radiação. J. Theor. Biol. **136**:357-361.

Howard-Flanders, P. 1973 - Reparação e recombinação do ADN. British Medical Bulletin, **29**:226-235.

Howland, G. P. 1975. Reparação no escuro de dímeros de pirimidina induzidos por ultravioleta no ADN de protoplastos de cenoura selvagem. Nature, Londres, 160-164.

Huang, P. C. 1978. Reparação e reconstrução do ADN e suas implicações para a saúde pública. Em: Cohen, B., Lillienfield M. , Huang, P.C. (eds.), Genetic Issues in Public Health and Medicine, Bethesda, 31-48.

Hutchinson, F. 1989: Sobre a medição de quebras de cadeia dupla de ADN por eluição neutra. Radiat. Res, **120**:182-186.

Ishikawa-Goto, M., Tsuyuzaki, S., 2004: Methods for estimating seed banks considering long-term burial of seeds. Journal of Plant Research, 117: 245-248.

Innocenti, A.M., Avanzi, S. 1971. senescência de sementes e quebra de cromossomas em *Triticum durum* Desf. Mutation Res., **13**: 225-231.

Jakob, K. M., Bovey, F. 1969. Síntese precoce de ácidos nucleicos e proteínas e mitoses nas pontas das raízes primárias de *Vicia faba* em germinação. Experimental Cell Res. **54:** 118-126.

Jeggo, P. A. 1998. Quebra e reparação do ADN. Adv. Genet. **38**: 185-218.

Jeggo, P. A. 1998a. Mutant rodent cells defective in DNA double-strand break repair, p. 317-335. In: Nickoloff, J. A., Hoekstra. M. F. (eds.), DNA damage and repair, Vol. 2: DNA repair in higher eukaryotes, Humana Press, Totowa, New Jersey

Kaina, B., Rieger, R., Michaelis, A., Schubert, I. 1979. Effects of chromosome redistribution in *Vicia faba* L., IV. The chromosome constitution and its influence on the frequency and distribution of chromatid aberrations. Biol. Zentralbl., **98**: 271-283.

Karpfel, Z. Perspektivy vyskumu malych davek zarern. *Vesmir, 5:245-247* (em checo).

Karran, P., Hampson, R. 1996. instabilidade genómica e tolerância aos agentes alquilantes. Cancer Surveys, **28**: 69-85.

Kato, Y. 1957. Quebras e pontes cromossómicas induzidas por extractos de espinafres e nabos. Fyton, **8**: 131-136.

Kempl. L. M., Jeggo, P. A. 1986. danos cromossómicos induzidos por radiação em mutantes sensíveis aos raios X (xrs) da linha celular de ovário de hamster chinês. Mutation Res, **166**: 255-263.

Kihlman, B. A. 1956. Factores que influenciam a geração de aberrações cromossómicas por produtos químicos. J. Biophys. Biochem. Cytol., **2**: 543-555.

Kihlman, B. A. 1971. dicas de raiz para estudar os efeitos dos produtos químicos nos cromossomas. Chemicals Mutagens, Plenum Press - N.York, **2**: 489-514.

Kihlman, B. A. 1956. Factores que influenciam a geração de aberrações cromossómicas por produtos químicos. J. Biophys. Biochem. Cytol., **2**: 543-555.
Kihlman, B. A. 1971. dicas de raiz para estudar os efeitos dos produtos químicos nos cromossomas. Chemicals Mutagens, Plenum Press - N.York, **2**: 489-514.
Kihlman, B. A. 1975. Pontas de raízes de *Vicia faba* para o estudo da indução de aberrações cromossómicas. Mutation Res., **31**: 401-412.

Kihlman, B. A. 1977. Root tips of *Vicia faba* for study on the induction of chromosomal aberrations, pp. 380-400. in: Kelbey, B. J., Legator, M., Nichols, W. , Ramel, C. (eds.), Handbook for mutation text procedures, Elsevier, Amsterdam-New York.

Kimball, R. F. 1961. Processos pós-irradiação na indução de letais recessivos por radiação ionizante. J. Cell. Comp. Physiol. **58**: 163-170.

King, M.W., Soetisna, U., Roberts, E.H. 1981. O armazenamento a seco de sementes de citrinos. *Ann. Bot.*, 48:865-872.

Kirkland, J. 1989. evolution and ageing. Genoma, **31**: 398-405.

Kirkwood, T. B. L. 1988. DNA, mutações e envelhecimento. Mutation Res, **219**: 1-7.

Krupnova, G. F., Zhestyanikov, V. D. 1977. Síntese não programada de DNA estimulada por radiação gama em células meristemáticas de *Vicia faba*. Tsitologija, **19**: 985-990 (em russo).

Kucherlapati, R. S., Eves, E. M., Song, D., Morse, B. S., Smithies, O. 1984. A recombinação homóloga entre plasmídeos em células de mamíferos pode ser reforçada pelo tratamento do ADN de entrada. Proc. Natl. Acad. Sci. USA, **81**: 31533157.

Kuglik, P. 1988. Síntese não planeada de ADN em células meristemáticas *de Vicia faba* após irradiação gama. Studia Biophys, **3**: 161-166.

ndLea, D. E. 1955, Actions of radiations on living cells, 2 Edition, Cambridge University Press, Cambridge, 181 pp.

Leenhouts, H. P., Chadwick, K. H. 1978. O papel crítico das quebras de cadeia dupla de ADN nos efeitos radiobiológicos celulares. Advan. Radiat. Res, **9**: 55-101.

Lehmann, A. R., Karran, P. 1981. Reparação do ADN. International Journal of Cytology, **72**:101-146.

Leopold, L. W., Musgrave, M. E. 1980. vias respiratórias em sementes de soja envelhecidas. Physiol. Planta, **49**: 49-54.

Litvak, S., Castroviejo, M. 1985. plant DNA polymerases. Plant Mol. Biol, **4**:311.

Lobov, V. P. 1971. efeito da hidrazida maleica na biossíntese de proteínas, ARN e ADN nas raízes de plântulas de ervilha. Plant. Physiol. (Fiziol. Rast., Russ.), **14**: 21-28.

Lunden, A. O. 1960. Some effects of ultraviolet light on barley and oat embryos, pp. 128-134 in: Dissertação, Ph.D. Universidade da Flórida, Gainesville.

Maalouf, F., Nawar, M., Hamwieh, A., Amri, A., Zong, X., Bao, Sh., Yang, T. 2013. faba bean. Recursos Genéticos e Genómicos de Melhoramento de Leguminosas de Grão, Eds: Mohar Singh, Hari D. Upadhyaya e I. S. Bisht. *Elsevier Inc.* pp. 113-136.

Mahmood, R., Vasudev, V. 1993. Processos de proteção induzíveis em sistemas animais: IV. Adaptação das células da medula óssea do rato a uma dose baixa de metanossulfonato de etilo. Mutagénese, **8/1**: 83-86.

Martinkova, Z., Honek, A., 2005: A idade das sementes e as condições de armazenamento influenciam a germinação de switchgrass (*Echinochloa crus-galli*). Ciência das ervas daninhas, 54: 298-304.

Mateos, S., Pinero, J., Ortiz, T., Cortez, F. 1989. Efeitos G2 dos inibidores da reparação do ADN nas aberrações do tipo cromatídeo em células radiculares tratadas com hidrazida maleica e mitomicina C. Mutation Res, **226**: 115-120.

Marquart, H. 1949. Eliminação de mutações pelo cloridrato de putrescina e pelo extrato a frio de sementes de Oenothera superannuated. Experientia, **5**: 401 (em alemão).

Maynard-Smith, J. 1959. uma teoria do envelhecimento. Nature, **184**: 956-958.

Maynard-Smith, J. 1962, The cause of ageing (A causa do envelhecimento). Proc. Roy. Soc. B (Londres), **157**: 115-127.

McLennan, A. G. 1988. DNA damage, repair and mutagenesis in higher plants, p. 121. In: Bryant, J. A., Dunham, V. L. (eds.), DNA replication in plants, CRC Press, Boca Raton, Florida.

McLeish, J. 1953: O efeito da hidrazida maleica em *Vicia*. Heredity (Suppl.), **6**: 125-147.

Meinster, A., Schubert, I. 1977. Estudos de ciclo celular em cariótipos reconstruídos de meristemas de ponta de raiz de *Vicia faba*. Biol. Zentralbl. **96**: 183-201 (em alemão).

Merritt, D.J., Senaratna, T., Touchell, D.H., Dixon, K.W., Sivasithamparam, K. 2003. Senescência de sementes de quatro espécies da Austrália Ocidental em relação ao ambiente de armazenamento e à atividade antioxidante das sementes. *Seed Sci. Res.*, 13(2):155-165.

Micieta, K. 1993: Efeito do envelhecimento das sementes na frequência de troca de cromátides irmãs em plântulas de *Vicia faba L.*. Biologia, Bratislava, **48**: 101-104.

Michaelis, A., Rieger, R. 1963. Interação de quebras de cromátides induzidas por três produtos químicos radiomiméticos diferentes. Nature, **191**: 1014-1015.

Michaelis, A., Rieger, R. 1971. novos cariótipos de *Vicia faba*. Chromosoma Berlin, **35**: 1-8.

Michailov, O. F., Korytova, A. I. 1971. vlijanie chranenija semjan posle obrabotki ich etileniminom na mutacionnyj process v nich. Sbor. "Introdukcija rast. v Dnepropetr. botan. sadu", Dnepropetrovsk, pp. 91-97 (em russo).

Mirzojan, G. I., Azatian, R. A., Avakian, V. A. 1985. Efeito modificador da 5-fluoro-2-desoxiuridina na aberração cromossómica após o armazenamento de sementes de *Crepis capillaris L.* irradiadas e tratadas com o análogo de azoto Yperit na fase G1. Genetika, **21**:85-90.

[th]Mitelman, F. 1991. catalogue of chromosome aberrations in cancer, 4 Edition, Wiley-Liss, New York, 327pp.

Morgan, W. F. , Winegar, R. A. 1990. The use of restriction endonucleases to study the mechanisms of chromosome damage, pp. 70-78. In: OBE, G. , Natarajan, A. T. (eds), Chromosome aberrations: basic and applied aspects. Springer-Verlag, Berlim.

Morgan, W. J., Day, J. P., Kaplan, M. I., McGhee, E. M., Limoli, C. L. 1996. genomic instability induced by ionising radiation. Radiat. Res, **146**: 247258.

Mota, M. 1952: O efeito dos extractos de sementes sobre os cromossomas. Arquivo de patologia, **3**: 336-357.

Murata, M., Roos, E. E., Tsuchiya, T. 1980. Atraso mitótico em pontas de raiz de ervilhas induzido por envelhecimento artificial de sementes. Bot. Gaz., **141**: 19-23.

Murata, M., Roos, E. E., Tsuchiya, T. 1981. Danos cromossómicos causados pelo envelhecimento artificial das sementes de cevada. I. Germinabilidade e frequência de anáfases aberrantes na primeira mitose. Can. J. Genet. Cytol., **23**: 267-280.

Murata, M., Tsuchiya, T., Roos, E. E. 1982. Danos cromossómicos causados pelo envelhecimento artificial das sementes de cevada. II. Tipos de aberrações cromossómicas na primeira mitose. Bot. Gaz., **143**: 111-116.

Murata, M., Tsuchiya, T., Roos, E. E. 1984. Danos cromossómicos causados pelo envelhecimento artificial das sementes de cevada. III. comportamento das aberrações cromossómicas durante o crescimento da planta. Theor. Appl. Genet., **67**: 161-170.

Munn, A. 1961 - O envelhecimento das sementes como causa de danos mitóticos e cromossómicos. Biologia, Bratislava, **3**: 173-177 (em eslovaco).

Munn, A. 1964: The mitotic cycle and its time parameters in the root tips of *Vicia faba L.*, Chromosoma, **15**: 457-468 (em alemão).

Munn, A. 1987. O ciclo mitótico e a sua regulação por factores endógenos e exógenos. Biol. prace, Veda, Bratislava, p. 151 (em eslovaco).

Munn, G. 1988a. Danos na estrutura e reprodução dos cromossomas em sementes senescentes de *Vicia faba L.*. Ata F. R. N. Univ. Comen., Botanica, **35**: 81-96.

Munn, G. 1988b. Variabilidade individual da senescência e suas manifestações em sementes de *Vicia* faba. Ata F. R. N. Univ. Comen., Botanica, **36**: 87-95.

Munn, G. 1990. Síntese não planeada de ADN em raízes em crescimento e embriões armazenados de *Vicia faba* após exposição a hidrazida maleica e metanossulfonato de metilo. Mutation Res. **245**: 83-86.

Munn, G. 1991. urychlenie starnutia u modeloveho organismu *Vicia faba L.*, pp. 55-61. in: Brezina, V. (ed), AIS/Proc. of the 24th Symposium on Cytogenetics, Brno. (em eslovaco)

Munn, G. 1992. Efeitos do armazenamento experimental no envelhecimento de sementes *de Vicia faba L.*. Proc. do 5° Congresso Internacional de Biologia Celular, Madrid (julho, 1992), p. 317.

Munn, G. 1993. Efeitos do prolongamento da fase G-1 na recuperação pré-replicação de danos cromossómicos induzidos em *Vicia faba*; Biologia, Bratislava, **48**: 315-317.

Munn, G., Micieta, K. 1994a: Nova abordagem do efeito do armazenamento em sementes de Vicia faba L. tratadas com metanossulfonato de metilo - investigação SCEs. Cytobios, 77: 197-201.

Munn, G., Micieta, K., 1994b: Fate of methyl methanesulphonate induced DNA double-strand breaks during the recovery in Vicia faba L. roots. Biologia (Bratislava), 48/3: 347-352.

Munn, G., 2001. Cem anos de modelação do envelhecimento das plantas. In: Berger J. (ed.), pp. 117-120, Cells III, Ceske Budejovice: Kopp Verlag.

Munn, G., Micieta, K. 1992. Indução de C. A. e SCEs durante o armazenamento de sementes *de Vicia* faba tratadas com MMS. Mutation Res, **271**: 139.

Munn, G., Micieta, K. 1994: destino das quebras de cadeia dupla de ADN induzidas pelo metilmetanossulfonato durante a recuperação das raízes de *Vicia faba L.* Biologia, Bratislava, **49**: 347-352.

Munn, G., Micieta, K. 1996. Padrão de distribuição das aberrações cromatídicas induzidas pelo tratamento com MH em sementes *de Vicia faba L.* influenciado pelo armazenamento experimental. Biol. Central Journal, **115**: 24-33.

Munn, G., Micieta, K. 1997a. Senescência artificial de sementes de *Vicia faba L.* por alongamento da fase G-1. Ata Physiologicae Plantarum, **19**: 101-107.

Munn, G., Micieta, K. 1997b. O efeito memória - o método universal para melhorar a reparação do ADN. Ata F. R. N. Uni. Comen. - Physiologia Plantarum **29**: 77-79.

Munn, G., Micieta, K. 1997c. Recuperação pré-replicação de danos cromossómicos induzidos por MMS em sementes de *Vicia faba L.*. Biologia Plantarum, **39**: 523529.

Munn, G., Micieta, K. 1998a. Reparação de DNA excisado - possível explicação dos mecanismos. Folia Biologica, Praha, Suppl., **44**: 10.

Munn, G., Micieta, K. 1998b. Effects of DNA repair during the storage effect, p. 302-307. In: Maluszynska, J. (ed), Plant Cytogenetics, Wydawnictvo Universitetu Slaskiego, Katowice.
Munn, G., Micieta, K. 1998c. Autoradiograficka detekcia DNA repair-u, pp. 8990.
In: Uhrin, V. (ed), Biologicke dni, FPV UKF v Nitre. (em eslovaco)
Munn, G., Micieta, K., 2001: O efeito de memória: um método universal para melhorar o sistema de reparação do ADN. Biologia (Bratislava), 56/Suppl. 10, 88pp.
Munn, G., Micieta, K., 2002: DNA repair recognition using microautoradiographic "portraits" of *Vicia faba* L. seeds. Berger, J. (ed.) p. 156-157, Cells IV, Kopp Publ., Ceske Budejovice.
Munn, G., Micieta, K., 2009: Cem anos de investigação sobre o envelhecimento das plantas. Ata Bot. Univ. Comen., Bratislava, Univerzita Komenskeho, 44: 313
Munn, G., Micieta, K. 2017. Melhorar a produção agrícola através de um efeito de armazenamento. Revista Internacional de Meio Ambiente, Pesquisa Agrícola, Vol-3, Edição-5,12-25.
Munn, G., Micieta, K., Chrenova, J., 2003: Efeito de armazenamento - nova ferramenta para a recuperação e melhoria do crescimento de sementes armazenadas industrialmente. Journal of Applied Biomedicine (Cells V), 1/Suppl. 1, 22-23.
Munn, G., Micieta, K., Ligasova, A., Chrenova, J., Keller, J., Savova, M., Slade, D., 2007: Manifestação de senescência na testa de diferentes cultivares de *Vicia faba* L. no banco de sementes como marcador do tempo de armazenamento. Ata Bot. Univ. Comen., 43: 33-36.
Munn, G., Veleminsky, J., Angelis, K. J. 1992. O destino do metahnesulfonato de metilo (MMS) - quebras de cadeia dupla de ADN induzidas durante o cultivo in vivo/in vitro de sementes. Mutation Res., **271**: 149.
Munn, G., Vozar, I., Vizarova, G. 1994. O teor de citocininas endógenas livres em sementes de *Vicia faba L.* com diferentes idades. Ata Physiologicae Plantarum, **16**: 11-18.
Murthy, U.M.N., Kumar, P.P., Sun, W.Q. 2002. Mecanismos de envelhecimento das sementes em diferentes condições de armazenamento de *Vigna radiata* (L.) Wilczek: peroxidação lipídica, hidrólise de açúcares, reacções de Maillard e sua relação com a transição do estado vítreo. *J. Exp. Bot.*, 54(384):1057-1067.
Nasar-Abbas, S.M., Siddique, K.H.M., Plummer, J.A., White, P.F., Harris, D., Dods, K., D'Antuono, M. 2009. As sementes de fava (*Vicia faba* L.) escurecem rapidamente e o teor de fenólicos diminui quando armazenadas a temperaturas, humidade e intensidade luminosa mais elevadas. *Ciência e Tecnologia Alimentar*, Volume 42, Edição 10, 1703-1711.
Natarajan, A. T., Obe, G. 1984. Mecanismos moleculares no desenvolvimento de aberrações cromossómicas, III. endonucleases de restrição. Chromosoma, Berlim, **90**: 120-127.
Natarajan, A. T., Obe, G., Van Zeeland, A. A., Palitti, F., Miejers, M., Verdegaal-immerzeel, E. A. M. 1980. Mecanismos moleculares no desenvolvimento de aberrações cromossómicas. II. Utilização da endonuclease de Neurospora para o estudo da produção de aberrações por raios X nas fases G1 e G2 do ciclo celular. Mutation Res, **69**:293-305.
Natarajan, A. T., Vyas, R. C., Darroudi, F., Mullenders, L. H. F. 1989. Lesões do ADN, reparação do ADN e aberrações cromossómicas. In: Proc. of International Symp. on Chromosomal Aberrations - Basic and Applied Aspects, University GHS-Essen, 15.

Navaschin, M. 1933. O envelhecimento das sementes como causa de mutações cromossómicas. Planta, **20**: 233-243 (em alemão).

Navashin, M., Gerasimova, H. , Belayeva, G. M. 1940. Sobre o curso do processo de mutação nas células do embrião adormecido no sémen. C. R. Acad. Sci. USSR, **26**: 948-951.

Nichols, CH. 1941. Aberrações cromossómicas espontâneas em *Allium*. Genetics (Washington), **20**: 103-110.

Nichols, CH. 1942. the effect of age and irradiation on chromosomal aberrations in *Allium* seeds. Amer. J. Bot., **29**: 755-759.

Nickoloff, J. A., Hoekstra, M. F. 1998. DNA damage and repair, Vol. 2: DNA repair in higher eucaryotes. Humana Press Inc. Totowa, New Jersey, 639 páginas.

Nickoloff, J. A., Singer, J. D., Hoekstra, M. F., Heffron, F. 1989. As quebras de cadeia dupla estimulam mecanismos alterados de reparação da recombinação. J. Mol. Biol, **207**:527-541.

Nilan, R. A., Gunthard, H. M. 1956: Estudos sobre sementes envelhecidas III: Sensibilidade das sementes de trigo envelhecidas à irradiação X. Caryologia, **8**: 316-322.

Nilan, R. A., Velemmsky, J. 1981. mutagenicidade de produtos químicos seleccionados em sistemas de teste de cevada. Mutagénese química comparativa, 291-320.

Nooden, L. D. 1969 O Modo de Ação da Hidrazida Maleica: Inibição do Crescimento. Physiologia plantarum, Volume 22, Número 2, 260-270.

Obe, G., Johannes, C., Schultefrohlinde, D. 1992. Quebras da dupla cadeia de ADN induzidas por radiações ionizantes de baixo nível e endonucleases como lesões críticas para a morte celular, aberrações cromossómicas, mutações e transformação oncogénica. Mutagénese, **7**:3-12.

Ondrej, M. 1985. cytogenetika a molekularni genetika rostlin. ACADEMIA, Praga, p. 212.

Osborne, D. J. 1982. deoxyribonucleic acid integrity and repair in seed germination, the importance in viability and survival, pp. 435-463. in: Khan, A. A. (ed), The physiology and biochemistry of seed development, dormancy and germination, Elsiever Biomedical Press, Oxford.

Osborne, D.J., 2000. Ameaças às sementes em germinação: água disponível e manutenção da integridade genómica. Israel Journal of Plant Sciences Vol. 48, 173-179.

Osborne, D. J., Dell'aquilla, A., Elder, R. H. 1984. Reparação do ADN em células vegetais. Um evento essencial do início da germinação do embrião em sementes. Folia Biologica, Praha, Special Publ. **30**: 155-169.

Owen, P. C. 1957: Efeito da radiação ultravioleta na taxa de respiração das folhas de tabaco e sua reversão pela luz visível. Nature, **180**:610-611.

Paces, V., Krcmery, V., Kettner, M., Antal, M. 1983 Molekulova genetika. Alfa, Bratislava, p. 288 (em checo).

Painter, R. B. 1980, The role of DNA damage and repair in cell killing induced by ionising radiation, p. 59-68, In: Meyn, E. E. , Withers, H. R. (eds), Radiation Biology in Cancer Res., Raven Press, N. York.

Painter, R. B., Wolff, S. 1973. Ausência aparente de replicação reparadora em *Vicia faba* após irradiação X. Mutat. Res. 19, 133 - 137.

Parzies, H. K., Spoor, W., Ennos, R. A., 2000. Genetic diversity of barley landrace accessions (*Hordeum vulgare ssp. vulgare*) maintained for different lengths of time in ex situ gene banks. Heredity, 84: 476-86.

Patrick, J.W., Stoddard, F.L. Physiology of flowering and grain filling in faba bean (Fisiologia da floração e do enchimento de grãos em feijão-fava). *Pesquisa de Culturas de Campo,* 2010, Vol. 115, Edição 3, 234-242.

Petkova, S. 1973: Efeito da N-nitrosometilureia na dinâmica da síntese de ADN em células meristemáticas de raízes de *Vicia faba.* (Estudo autoradiográfico). Genetics and Plant Breeding, Sofia, **6**:79-82.

Pfeiffer, P., Goedecke, W., Obe, G. 2000. Mechanisms of DNA double-strand break repair and their potential to induce chromosomal aberrations. Mutagénese, 15 : 289-302.

Powell, A. A., Yule, L. J., Jing, H. C., Groot, S. P. C., Bino, R. J., Pritchard, H. W., 2000. The influence of seed treatment with aerated hydration on seed longevity as evaluated by viability equations. Journal of Experimental Botany, 51/353: 2031-2043.

Pridal, I., Lokajicek, M.V. 1984. Um modelo de cinética de reparação de DSB. J. Theor. Biol, 111, 81 - 90.

Priestley, D. A., 1985. Hugo de Vries e o desenvolvimento da teoria da senescência das sementes. Annals of Botany, 56: 267-269.

Rabbitts, T. H. 1994: translocações cromossómicas no cancro humano. Nature, **372**: 143-149.

Radford, I. R. 1985. A extensão da rutura induzida da dupla cadeia de ADN está correlacionada com a morte de células após irradiação com raios X. Int. J. of Rad. Biology, **48**:4554.

Rathmell, W. K., Chu, G. 1998. mechanisms of DNA double-strand break repair in eukaryotes, pp. 299-317. in: Nickoloff, J. A., Hoekstra, M. F. (eds.), DNA damage and repair, Vol. 2: DNA repair in higher eukaryotes, Humana Press, Totowa, New Jersey.

Resnick, M. S. 1976. A reparação de quebras de cadeia dupla no ADN: um modelo com recombinação. J. Theor. Biol. **59**:97-106.

Resnick, M. A., Moore, P. D. 1979. Molecular recombination and the repair of DNA double-strand breaks in CHO cells. Nucleic Acids Res, **6**: 3145-3160.

Revell, S. H. 1983. The relationship between chromosome damage and cell death, pp. 215-233. in: Ishihara, T., Sasaki, M. S. (eds.), Radiation-induced chromosome damage in man, Liss, New York.

Rieger, R. 1973: Efeitos selectivos de mutagénicos químicos nos cromossomas de *Vicia faba* influenciados por transposições de segmentos, Mutation Res. **21**: 232239.

Rieger, R., Michaelis, A. 1959. Estudos citológicos e metabólicos-fisiológicos sobre o meristema ativo da ponta da raiz de *Vicia faba* L. III. Outras descobertas sobre a formação e o efeito de produtos metabólicos "automutagénicos" em Vicia *faba.* Biol. Zentralbl., **78**: 291-307 (em alemão).

Rieger, R., Michaelis, A. 1972. Efeito da reconstrução cromossómica em *Vicia faba* L. I. Distribuição das aberrações, espetro de aberrações e sensibilidade do cariótipo após tratamento com etanol de complexos cromossómicos reconstruídos de forma diferente. Biol. Zentralbl., **91**: 151-169.

Rieger, R., Michaelis, A., Nicoloff, H. 1982. Processos de reparação induzíveis nos meristemas das pontas das raízes das plantas? "Efeitos abaixo da aditividade" de concentrações de clastogénios fraccionados de forma desigual. Biol. Zentralbl., **101**: 125-138.

Rieger, R., Michaelis, A., Nicoloff, H. 1984. O pré-tratamento de meristemas de ponta de raiz de *Vicia faba* com baixas doses de clastogénio protege contra a indução de aberrações por tratamentos subsequentes: Induction of repair processes?, pp. 40-49. in: Chapman, G. P., Tarawali, S. A. (eds), Proc. 2nd Vicia faba Cytogenetics Review Meeting (Wye), Nijhoff, Junk, Amsterdam.

Rieger, R., Michaelis, A., Schubert, I., Dobel, P., Jank, H.-W. 1975. Distribuição intracromossómica não aleatória de aberrações cromatídicas induzidas por raios X, agentes alquilantes e etanol em *Vicia faba*. Mutation Res., **27**: 69-79.

Rieger, R., Michaelis, A., Schubert, I., Kaina, B. 1977. efeito da reestruturação cromossómica em *Vicia faba* L., II. agrupamento de aberrações após tratamento com mutagénicos químicos e raios X afetado pela transposição de segmentos. Biol. central journal, **96**: 161-182.

Rieger, R., Nicoloff, H., Michaelis A. 1973. Agrupamento intracromossómico de aberrações cromatídicas induzidas por N-metil-N-nitroso-uretano em *Vicia faba* e cevada. Biol. Zentralbl., **92**: 681-689.

Rieger, R., Takehisa, S. 1989. Adaptive response of plant meristem cells in vivo - protection against induction of chromatid aberrations, p.27. In: Int. Symp. on Chromosomal Aberration - Basic and Applied Aspects, Universität-GHS, Essen.

Roberts, E. H. 1973. perda de viabilidade: aspectos ultra-estruturais e fisiológicos. Seed. Sci. Technol. **1**: 529-545.

Roberts, E.H., Ellis, R.H. 1977. Previsão da longevidade das sementes a temperaturas negativas e conservação dos recursos genéticos. *Nature,* 268:431-433.

Roos, E. E. 1989. Armazenamento de Sementes a Longo Prazo. Plant Breeding Re-views, **7**: 129158.

Rowley, J. D. 1998: "Tracing leukaemia back to birth". Nature Medicine, **4**: 150151.

Sachsenmaier, W., Donges, K. H., Ruppf, H., Czihak, G. 1970. Início avançado de mitoses síncronas em Physarum polycephalum após irradiação UV. Zeitchsrift für Naturforschung, **25**: 866-871.

Saito, N., Werbin, H. 1969 Evidência da existência de uma enzima fotoreactivadora de ADN isolada de plantas superiores. Photochem. Photobiol, **9**:389-393.

Samaratna, T., Gusse, J. F., Mckersie, B. D. 1988. Age-induced changes in cellular membranes of imbibed soybean seed axes. Physiol. Planta, **73**: 8591.

Samson, L., Cairns, J. 1977. Uma nova via de reparação do ADN em *Escherichia coli.* Nature (Londres), **267**: 281-282.

Sancar, A. 1996: reparação da excisão do ADN. Annu Rev Biochem, **65**: 43-81.

Savage, J. R. K. 1975. classificação e relações das alterações estruturais cromossómicas induzidas. J. Med. Genet. **12**: 103-122.

Sax, K. 1938. Chromosome aberrations induced by X-rays (Aberrações cromossómicas induzidas por raios X). Genetics, **23**: 494516.

Sax, K. 1939. Fator tempo na geração de aberrações cromossómicas por raios X. Proc. Natl. Acad. Sci. USA, **25**: 225-233.

Scalera, S. E., Ward, O. G. 1971. Um estudo quantitativo da alquilação induzida por metanossulfonato de etilo do ADN de *Vicia faba.* Mutation Res., **12**: 71-79.

Scarascia, G. T. , Scarascia-venezia, M. E. 1954. effeti citologici e carrateristiche biochimiche degli estratti asquosi di una serie di semi di soja hispida di diversa eta. Caryologia, **6**: 237-270 (em italiano).

Schoene, D. L., Hoffman, D. L. 1949. maleic hydrazide, a unique growth regulating agent. Science, Wash. 109: 588-590.

Scott, D. 1967: O efeito aditivo dos raios X e da hidrazida maleica na indução de aberrações cromossómicas em diferentes fases do ciclo mitótico em *V. faba*. Mutation Res, **5**: 65-92.

Sedliakova, M. 1987: Ako sa bunka vysporiada s radiacnym poskodemm. Vesmir, pp. 192-194.

Sega, G. A., Wolfe, K. W., Owens, J. G. 1981. W., Owens, J. G. 1981. Comparação da ação molecular de um agente metilante do tipo SN1, a metil nitrosouréia, e de um agente metilante do tipo SN2, o metanossulfonato de metila, nas células germinativas de ratos machos. Chem. biol. interactions, **33**: 253-269.

Sevov, A., Christov, K., Christova, P. 1973. biologicni i cito-geneticni izmenenija v stari semena ot carevica, schranjavani pri obiknoveni uslovija. Genet. i Selek., **6**: 107-115 (em russo).

Shanower, G. A., Kantor, G. J. 1998. A difference in the repair pattern of a large genomic region in UV-irradiated normal human cells and cells with Cockayne syndrome. Mutation Res: DNA Repair, **385**: 127-137.

Shkvarnikov, P. K., Navashin, M. S. 1934. Sobre a aceleração do processo de mutação em sementes dormentes sob a influência do aumento da temperatura. Planta, **22**: 720-736 (em alemão).

Schubert, I., Heindorff, K., Rieger, R., Michaelis, A. 1986. Princípios da distribuição cromossómica das aberrações cromatídicas induzidas em *Vicia faba* e seu possível significado biológico. Kulturpflanze, **34**: 21-45 (em alemão).

Schubert, I. , Rieger, R. 1977. Sobre a sensibilidade dos pontos críticos de aberração após tratamento com mutagénicos com ação retardada ou não retardada. Mutation Res., **44**: 84-96.

Schubert, I., Rieger, R., Michaelis, A. 1985. effect of chromosome restructuring in *Vicia faba* L., VII. the influence of hot-spot duplication on the frequency and chromosomal distribution of maleic hydrazide-induced chromatid aberration. Biol. Zentralbl., **104**: 403-409.

Schubert, I., Sturelid, S., DObel, P., Rieger, R. 1979. Distribuição intracromossómica em cariótipos reconstruídos de *Vicia faba*. Mutation Res. **59**: 2738.

Siede, W., Friedberg, A. S., Dianova, I., Friedberg, E. C. 1994. Characterisation of G1 checkpoint control in the yeast *Saccharomyces cerevisiae* after exposure to DNA-damaging agents. Genetics **138**: 271-281.

Slagboom, P. E., Vijg, J. 1989. Genetic instability and ageing: theories, facts and future perspectives (Instabilidade genética e envelhecimento: teorias, factos e perspectivas futuras). Genoma, **31**: 378-385.

Slizynska, H. 1969: Aproximação gradual do espetro de alterações cromossómicas induzidas por TEM em espermatozóides de Drosophila ao espetro encontrado após irradiação com armazenamento. Mutation Res, **8**:165-175.

Solomon, E., Borrow, J., Goddard, A. D. 1991. Chromosomal aberrations and cancer (Aberrações cromossómicas e cancro). Science, **254**: 1153-1160.

Soyfer, V. N., Cieminis, K. G. K. 1977a. Excisão de dímeros de timina do DNA de plântulas de plantas irradiadas com UV. Environ. Exp. Botânica, **17**:135-143.

Soyfer, V. N., Cieminis, K. G. K. 1977b. Cinética da diversificação in vitro e in vivo de timinas no ADN de plântulas de plantas e excisão de dímeros do ADN. Stud. Biophys. **63**:105-114.

Stavreva, D. A., Ptacek, O., Plewa, M. J., Gichner, T. 1998. Single-cell gel electrophoresis analysis of ethyl methanesulfonate-induced genomic damage in culture tobacco cells. Mutation Res, **422**: 323-330.

Strehler, B. L. 1959. Origem e comparação do efeito do tempo e da radiação de alta energia nos sistemas vivos. Quart. Rev. Biol. **34**: 117-142.

Strehler, B. L. 1962 Time, Cells and Aging (Tempo, Células e Envelhecimento). Academic Press, Nova Iorque, p. 242.

Strehler, B. L. 1972. kontrol za realizaciej geneticeskoj informacii v processe razvitija i starenija. Sbor. 9. mezdunar. kong. gerontologov, Ref. dokl., Kijev, pp. 23-26 (em russo).

Strike, P., Jones, N. J. 1999. Mechanisms of genome maintenance and remodelling: current research and recent advances in DNA repair and recombination (Mecanismos de manutenção e remodelação do genoma: investigação atual e avanços recentes na reparação e recombinação do ADN). Mutation Res, **435**: 163-169.

Stube, H. 1935. idade da semente e mutabilidade genética em Antirrhinum majus L.. Biol. Zentralbl., **55**: 209-215 (em alemão).

Swietlinska, Z., Zuk, J. 1978. efeitos citotóxicos da hidrazida maleica. Mutation Res, **5**: 15-30.

Szilard, L. 1959. On the nature of the ageing process (Sobre a natureza do processo de envelhecimento). Proc. Natl. Acad. Sci. U.S.A., **45**: 30-45.

Sykorova, E. 1984. Alterações na frequência de aberrações cromossómicas durante o armazenamento de sementes de *Vicia faba* - tratamento com hidrazida maleica e metanossulfonato de metilo. Tese de diploma na Faculdade de Ciências Naturais, Universidade Charles, Praga, 115 páginas.

Satava, J., Angelis, K., Bnza, J., Margison, G., Ondrej, M., Velemmsky, J. 1989. Introdução de uma nova atividade enzimática de reparação em plantas (*Nicotiana tabacum*) através da técnica de transferência de genes. Proc. Tendências em Genética Molecular Comparativa, FEBS, **50**:29-35.

Slotova, J., Karpfel, Z., Kubfckova, D. 1974. O envolvimento do ADN exógeno nos processos de reparação de células meristemáticas de *Vicia faba* danificadas por agentes alquilantes monofuncionais como o metanossulfonato de etilo. Biologia Plantarum, Praha, **16**: 21-27.

Svachulova, J., Gichner, T., Velemmsky, J. 1973. Respiração em sementes de cevada tratadas com metanossulfonato de metilo metagénico e armazenadas em diferentes teores de água. Biol. Plantarum, **15**: 140-143.

^{3}Tagliasacchi, A. M., Vocaturo, R. 1977. Efeito do envelhecimento das sementes de *Triticum durum* cv. Capelli na duração do ciclo mitótico medido pela incorporação de H-timidina no meristema radicular. Caryologia, **30**: 225-230.

Talpaert-Borle, M., Liuzzi, M. 1982. Reparação por excisão de bases em células de cenoura. Purificação parcial e caraterização da uracil-DNA glicosilase e da endodeoxirribonuclease apurínica/apirimidínica. Env. J. Biochem. **124**: 435440.

Thacker, J., Wilkinson, R. E., Goodhead, D. T. 1986. A indução de aberrações de troca cromossómica por raios X de carbono ultra-suave em células de hamster V79. Int. J. Radiat. Biol., **49**: 645-656.

Thibodeau, L., Verly, W. G. 1976. endonuclease para sítios apurínicos em plantas. FEBS Lett, **69**:183-185.

Thomas, H., 2002 Ageing in plants. Mechanisms of ageing and development, 123: 747-753.

Thomas, J. E., Davidson, D. 1981. Efeito do valor da água ambiente no crescimento da raiz, duração do ciclo celular e sincronia mitótica durante a germinação e crescimento de plântulas de *Vicia faba*. Can. J. Bot., **59**: 1301-1306.

Thomas, K. R., Folger, K. R. Capecchi, M. R. 1986. alta frequência de direcionamento de genes para locais específicos no genoma dos mamíferos. Cell, **44**: 419-428.
Thornton, J. M., Powell, A. A., 1992. Short term aerated hydration for the improvement of seed quality in *Brassica oleracea* L. Seed Science Research, 2: 41-49.
Thornton, J. M., Collins, A. R., Powell, A. A., 1993, The effect of aerated hydration on DNA synthesis in embryos of *Brassica oleracea* L., Seed Science Research, 3: 195-199.
Tlsty, T. D., Jonczyk, P., White, A., Sage, M., Hall, I., Schaffer, D., Briot, A., Livanos, E., Roelofs, H., Poulose, B., Sanchez, J. 1993. perda de integridade cromossómica na neoplasia. Cold Spring Harbor Symp. Quart. Biol. **58**: 645-654.
Trosko, J. E., Chia-cheng, CH. 1978. genes, poluentes e doenças humanas. Quarterly Reviews of Biophysics II, **4**:603-627.
Trosko, J. E., Mansour, V. H. 1968. Resposta das células do tabaco e do haplopappus à irradiação ultravioleta após pós-tratamento com luz fotorreactiva. Radiat. Res., **36**: 333-343.
Trosko, J. E., Mansour, V. H. 1969. Fotorreactivação da inibição da síntese de ADN induzida pela luz ultravioleta em células de tabaco cultivadas in vitro. Radiat. Bot., **9**: 523-529.
Valleriani, A., Tielborger, K., 2006: Influência da idade na germinação de sementes dormentes. Theoretical Population Biology, 70: 1-9.
Van't hof, J. 1975. Replicação da fibra de ADN nos cromossomas de uma planta superior *(Pisum sativum)*. Exp. Cell Res., **93**: 95-104.
Van't hof, J. 1985. checkpoints in the cell cycle, pp. 1-11. in: Bryant, J. A. , Francis, D. (eds), The cell division cycle in plants, Cambridge University Press.
Velemmsky, J., Angelis, K. J. 1990. DNA repair in higher plants, pp. 195-203. In: Mendelsohn, M. L. et al. (eds), Proc. of the Fifth International Conference on Environmental Mutagens: Mutation and Environment, Part A, Willey-Liss Inc., New York.
Velemmsky, J., Gichner, T. 1978. Reparação do ADN em plantas superiores danificadas por mutagénicos. Mutation Res, **55**: 71-84.
Velemmsky, J., Gichner, T. 1981. Mutagenicidade de produtos químicos seleccionados na cevada: reparação e restauração. Mutagénese química comparativa, 321-327.
Velemmsky, J., Gichner, T. 1982: Interação de agentes alquilantes com o ADN e seu significado para a formação de mutações genéticas. Biol. listy, **47**: 3358 (em checo).
Velemmsky, J., Gichner, T., Pokorny, V. 1975. Aumento da cafeína na lesão induzida por agentes alquilantes na cevada: sua conexão com quebras de fita única de DNA e sua reparação. Mutation Res, **28**:79-85.
Velemmsky, J., Svachulova, J., Satava, J. 1977. Isolamento de uma endonuclease específica para sítios apurínicos no ADN de embriões de cevada. Biol. Plantarum, Praga, **19**: 346-352.
Velemmsky, J., Zadrazil, S., Gichner, T. 1972. Reparação de quebras de cadeia simples no ADN e recuperação de efeitos mutagénicos induzidos durante o armazenamento de sementes de cevada tratadas com metanossulfonato de etilo. Mutation Res., **14**: 259- 261.
Velemmsky, J., Rosichan, J.L., Juricek, M., Kleinhofs, A. Gichner, T. 1987. Interação do metabolito mutagénico da azida de sódio, sintetizado in vitro, com o ADN de embriões de cevada. Mutation Research 181(1):73-79.
Velemmsky, J., Zadrazil, S., Pokorny, V., Gichner, T., Svachulova, J. 1973a. Reparação

de quebras de cadeia simples e destino da N-7-metilguanina no ADN durante a recuperação de danos genéticos induzidos pela N-metil-N-nitrosoureia em sementes de cevada. Mutation Res, **17**: 49-58.

Veleminsky, J., Zadrazil, S., Pokorny, V., Gichner, T., Svachulova, J. 1973b. Efeito do armazenamento na cevada. Alterações na quantidade de lesões de ADN induzidas por metanossulfonato de metilo e etilo. Mutation Res, **19**: 73-81.

Veleminsky, J., Svachulova, J., Satava, J. 1980. Endonucleases para DNA irradiado por UV e depurado em cloroplastos de cevada, Nucleic Acid Res. **8**: 1373-1381.

Veleminsky, J., Gichner, T., Pokorny, V., Satava, J. 1983. Grau semelhante de danos no ADN induzidos pelo metilmetanossulfonato em dois clones de Tradescantia com diferente sensibilidade mutagénica a agentes alquilantes. Biologia Plantarum 25, 299-304.

Ventur, Y., Schultefrohlinde, D. 1993. A conversão enzimática de danos na cadeia simples de ADN em quebras de cadeia dupla contribui para a inativação biológica do ADN plasmídico irradiado com raios gama? Int. J. of Rad. Biology, **63**:167-171.

Vertucci, CH. W. 1989: Os efeitos do baixo teor de água sobre as actividades fisiológicas das sementes. Physiologia Plantarum, **77**: 172-176.

Vertucci, Ch. W., Roos, E. E., Crane, J., 1994. Base teórica dos protocolos de armazenamento de sementes III. Teores óptimos de humidade para sementes de ervilha armazenadas a diferentes temperaturas. Annals of Botany, 74: 531-540.

Villiers, T.A., 1973. uma teoria do envelhecimento das sementes. Journal of Ageing Research, 27/4: 345-351.

Villiers, T.A., 1974: Envelhecimento de sementes: estabilidade cromossómica e viabilidade prolongada de sementes totalmente embebidas. Plant. Physiol, 53: 875-878.

Villiers, T. A., Edgecumbe, D. J., 1975 On the cause of seed deterioration in dry storage (Sobre a causa da deterioração das sementes no armazenamento em seco). Ciência e Tecnologia das Sementes, 3: 761-774.

Vonarx, E. J., Mitchell, H. L., Karthikeyan, R., Chatterjee, I. Kunz, B. A. 1998. Reparação do ADN em plantas superiores. Mutation Res, **400**: 187-200.

Ward, F. H., Powell, A. A., 1983: Evidence for repair process in onion seeds during storage at high seed moisture contents. Journal of Experimental Botany, 34/3: 277-282.

Weinert, T. A., Hartwell, L. H. 1988. O gene RAD9 controla a resposta do ciclo celular a danos no ADN em *Saccharomyces cerevisiae*. Science, **241**: 317322.

Will, O., Schindler, D., Boiteux, S., Epe, B. 1998. As células da anemia de Fanconi têm níveis normais de estado estacionário e reparação normal das modificações oxidativas das bases do ADN que respondem à proteína FPG. Mutation Res: DNA repair, **409**: 65-72.

Windle, B. E., Wahl, G. M. 1992. Dissecção molecular da amplificação de genes de mamíferos: novos conhecimentos mecanicistas revelados pela análise de eventos muito precoces. Mutation Res., **276**: 199-224.

Wolff, S. 1973. Ausência de replicação reparadora em *Vicia faba* após tratamento com mutagénicos químicos. Mutation Res, **21**: 349-354.

Wolff, S., Cleaver, E. J. 1973. Ausência de replicação de reparação do ADN após danos causados por mutagénicos químicos em *Vicia faba*. Mutation Res, **20**: 71-76.

Wolff, S., Scott, D. 1969. Reparação de danos cromossómicos induzidos por radiação: independência dos mecanismos conhecidos de reparação do ADN escuro. Exp. Cell

Res, **55**: 916.

Woloschak, G. E., Ghang-liu, C. M., Shearin-jones, P. 1990. Regulation of protein kinase C by ionising radiation. Cancer Res. **50**: 3963-3967.

Wood, R. D. 1996. Reparação do ADN em eucariotas. Annu Rev Biochem, **65**: 135167.

Woodstock, L. W., Taylorson, R. B. 1981. etanol e acetaldeído em sementes de soja imbibing em relação à deterioração. Plant. Physiol. **67**: 424428.

Woodstock, L. W., Furman, K., Solomos, T. 1984. Changes in respiratory metabolism during aging in seeds and isolated axes of soybean. Plant et Cell Physiol, **25**: 15-26.

Zadrazil, S., Pokorny, V., Velemmsky, J. , Gichner, T. 1973. Reparação de lesões de ADN em cevada induzidas por agentes alquilantes monofuncionais. Stud. Biophys, Berlim, **36/37**: 271-276.

Zadrazil, S., Pokorny, V., Velemmsky, J., Gichner, T. 1974. Alterações nos iões de ADN induzidas por agentes alquilantes durante a lavagem e a re-secagem de sementes de cevada após o tratamento. Biol. Plantarum, Praga, **16**: 7-13.

Yamaguchi, H., Tatara, A., Naito, T. 1975. Síntese não programada de DNA em sementes de cevada por raios gama e 4-nitroquinolina-1-óxido. Japão. J. Genet., **50**: 307-318.

Yamaguchi, H., Naito, T., Tatara, A. 1978. Diminuição da atividade da DNA polimerase em sementes de cevada durante o armazenamento. Jap. J. Genet., **53**: 133-135.

Yates, B. L., Valcarcel, E. R. , Morgan, W. F. 1992. Quebras de fita dupla de DNA induzidas por enzimas de restrição como um sistema modelo para respostas celulares a danos no DNA. Int. J. Radiation Oncology Biol. Phys., **23**: 993-998.

Yousif, A.M., Kato, J., Deeth, H.C. Effect of storage time and conditions on the seed coat colour of Australian adzuki beans. *Food Australia*, 2003, 55 (10), pp. 479-484.

Reconhecimento

Estamos muito gratos ao Dr. J. Velemmsky, ao Dr. T. Gichner e ao Dr. K. Angelis (todos do Instituto de Botânica Experimental, República Checa) pelos seus conselhos e encorajamento cruciais. Agradecimentos especiais ao Prof. R. Rieger, ao Dr. I. Schubert (ambos da Alemanha) e ao Prof. A.T. Natarajan (Países Baixos) pela sua paciência e apoio. Agradecemos ao Dr. M. Schweder (EUA), ao Prof. F. Cortes (Espanha) e ao Dr. P. Escalza (Espanha) pelos seus valiosos comentários sobre as partes do manuscrito que tratam das aberrações cromossómicas. Estamos também gratos ao Dr. D. Briggs (Reino Unido), ao Prof. D. Papes (Croácia) e ao Prof. I. Sladky (República Checa) pelos seus valiosos comentários.

A correção do nosso inglês neste artigo foi gentilmente efectuada por T. Reynolds (EUA), pelo que lhe estamos muito gratos.

A ajuda dos nossos assistentes M. Savova (Bulgária), D. Slade (Croácia), A. Ligasova (Eslováquia) e dos técnicos D. L. Archleb, L. Gallova, J. Chrenova e M. Cutka é também muito apreciada. Zuzana Randakova deu um grande contributo para este estudo através da formatação de um texto e da revisão dos quadros.

Índice

Printed by Books on Demand GmbH, Norderstedt / Germany